鄭三寶

學歷／德國哥丁根大學家畜繁殖生理學博士
經歷／國立中興大學畜產學研究所教授

白火城

學歷／國立臺灣大學畜牧研究所農學博士
經歷／國立中興大學動物科學系榮譽教授

朱志成

學歷／美國康乃爾大學博士
經歷／國立中興大學動物科學系教授

劉炳燦

學歷／國立中興大學畜產學博士
經歷／國立屏東科技大學動物科學與畜產系副教授

東大圖書公司

彩圖 1　藍瑞斯豬

彩圖 2　約克夏豬

彩圖 3　杜洛克豬

彩圖 4　漢布夏豬

彩圖 5　巴克夏豬

彩圖 6　比利華豬

彩圖 7　湯渥斯豬

彩圖 8　東北民豬

彩圖 9　太湖豬

彩圖 10　桃園種豬

彩圖 11　小耳種豬

彩圖 12　李宋豬

彩圖 13　野生綿羊——羱羊 (Argali)

彩圖 14　野生綿羊——烏拉爾羊 (Urial)

彩圖 15　野生綿羊——摩弗侖羊 (Mouflon)

彩圖 16　野生大角綿羊

彩圖 17　野生山羊——Bezoar 山羊

彩圖 18　阿爾卑斯山之野生山羊

彩圖 19　高加索地區之野生 Tur 山羊

彩圖 20　野生山羊——螺角山羊 (Markhor)

彩圖 21　超細毛美利奴綿羊

彩圖 22　細毛美利奴綿羊

彩圖 23　中毛美利奴綿羊

彩圖 24　強韌毛美利奴綿羊

彩圖 25　無角美利奴綿羊

彩圖 26　謝維特綿羊

彩圖 27　杜色特綿羊

彩圖 28　無角杜色特綿羊

彩圖 29　漢布夏綿羊

彩圖 30　南邱綿羊

彩圖 31　三福綿羊

彩圖 32　英國雷色斯特綿羊

彩圖 33　邊界雷色斯特綿羊

彩圖 34　林肯綿羊

彩圖 35　羅蒙尼綿羊

彩圖 36　波華綿羊

彩圖 37　柯利黛綿羊

彩圖 38　蒙古綿羊

彩圖 39　西藏綿羊

彩圖 40　哈薩克綿羊

彩圖 41　卡拉庫爾綿羊

彩圖 42　巴貝多黑肚綿羊

彩圖 43　撒能乳羊

彩圖 44　土根堡乳羊

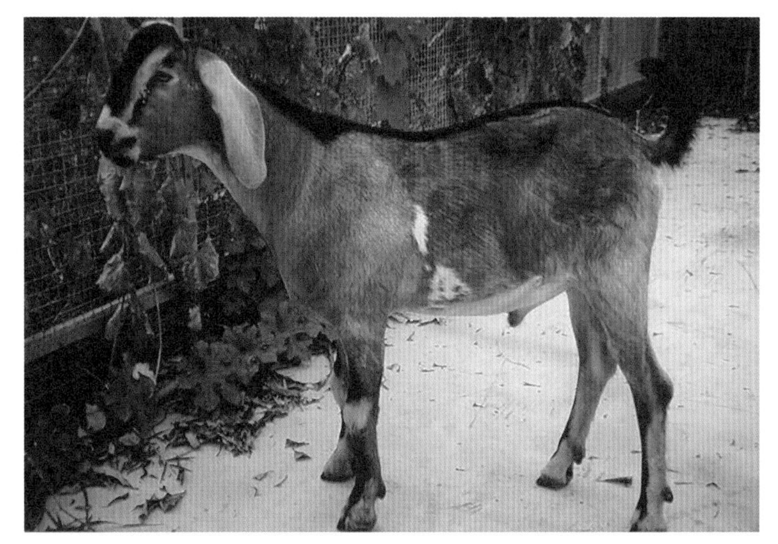

彩圖 45　奴比亞乳羊

彩圖 46　阿爾拜因乳羊

彩圖 47　賴滿嬌乳羊

彩圖 48　安哥拉山羊

彩圖 49　喀什米爾山羊

彩圖 50　中國山羊

彩圖 51　印度山羊

彩圖 52　波爾山羊

彩圖 53　臺灣長鬃山羊

彩圖 54　安哥拉兔－法國系

彩圖 55　加州兔－冬毛

彩圖 56　道奇兔

彩圖 57　紐西蘭兔

彩圖 58　佛來米希巨兔

彩圖 59　錦企拉兔

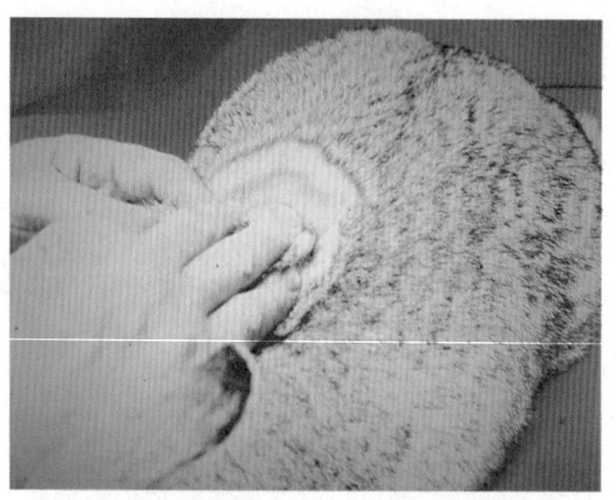

彩圖 60　錦企拉兔毛色之渦卷狀

彩圖 61　英國斑兔（蝶斑兔）

彩圖 62　荷蘭矮兔

彩圖 63　銀貂兔

彩圖 64　雷克斯兔

彩圖 65　緞兔

彩圖 66　比利時兔

彩圖 67　垂耳兔

彩圖 68　波蘭兔

彩圖 69　日本兔

彩圖 70　鬆獅兔

(a) 含道奇兔血統

(b) 含蝶斑兔血統

彩圖 71　貓熊兔

彩圖資料來源

彩圖 8	《中國豬品種誌》，鄭丕留、張仲葛等編，上海科學技術出版社
彩圖 9	https://zh.wikipedia.org/zh-tw/%E5%A4%AA%E6%B9%96%E8%B1%AC
彩圖 10	https://kmweb.coa.gov.tw/subject/subject.php?id=20796
彩圖 11	https://zh.wikipedia.org/zh-tw/%E8%98%AD%E5%B6%BC%E8%B1%AC
彩圖 12	https://www.zoo.gov.tw/Formosanwildboar/pig_EN.html
彩圖 32	澳洲綿羊品種
彩圖 33	澳洲綿羊品種
彩圖 34	https://baike.baidu.hk/item/%E6%9E%97%E8%82%AF%E7%BE%8A/6092663
彩圖 36	澳洲綿羊品種
彩圖 40	世界家畜圖鑑
彩圖 48	世界家畜圖鑑
彩圖 49	世界家畜圖鑑
彩圖 60	David Robinson. 1979. The Encyclopedia of pet rabbit. pp. 77. ISBN 0-87666-911-9.
彩圖 65	https://en.wikipedia.org/wiki/List_of_rabbit_breeds#/media/File:Satin_castor.jpg
彩圖 66	https://en.wikipedia.org/wiki/List_of_rabbit_breeds#/media/File:Hasenkaninchen.jpg
彩圖 68	The Encyclopedia of pet rabbit. 1979. pp. 136. David Robinson. ISBN 0-87666-911-9
彩圖 69	劉炳燦
彩圖 71	劉炳燦

彩圖 42、43、44、45、46、47、52、53 均源自白火城

未標示之彩圖均取自 Shutterstock

畜牧（二）

目次

第貳部分 羊

第壹部分

豬

第一章　養豬事業之進展

人類馴化豬隻之目的，是為了能提供人類食物之來源；飼育者在其居住地附近，利用剩餘之殘羹、剩飯甚至餿水餵養豬隻，使豬成為殘餘食物之清潔夫。這種飼養方式一直是農業社會裡農村養豬之主要方式。現今進一步可利用飯店餐館剩餘之羹湯，經集中並煮沸消毒，以防止疾病之擴散並可減低殘羹食物酸敗造成之危險，並添加不足之養分，使養分均衡後餵食。

在企業化養豬之區域，其主要之養豬場均集中於穀類（玉米）或其他高能量飼料作物等之生產區，或者是大宗穀類進口之港口附近。

▶圖 1-1　美國之養豬業興盛區位於俗稱之玉米帶周圍。每一黑點代表一萬頭豬

（資料來源：Ensminger and Parker (1984), *Swine Science*）

例如：美國豬隻之主要生產區域，為俗稱玉米帶 (corn belt) 之鄰近各州（圖 1–1），而臺灣則是在高雄港口附近之高屏地區與嘉南平原等南部地區（圖 1–2）。因為這些地區較之其他地區，更容易取得廉價之穀類，以提供豬隻生產所需能量 (energy) 來源。而商業型豬隻生產之主要目的，係將低成本穀類作物轉變為較高價值之豬肉 (pork)，予以出售謀利。因此豬隻也成為這些農民或生產者再生產或再加工之對象。

▶圖 1–2　臺灣之養豬業區集中於南部高雄港口附近之高屏地區與嘉南地區。每一黑點代表 10,000 頭豬

（依據省農林廳 83 年臺灣各縣市養豬頭數繪製）

一、豬隻之起源與馴化

歐洲地區人類養豬之歷史，據文字之記載，約始於紀元前 (B.C.) 2000 年；英國之養豬記錄，約在紀元前 800 年；而在中國河南省仰紹文化遺址 （於 1921 年發現），則約在紀元前 4900 年 。新石器時代 (Neolithic times) 之家豬遺骸，距今已有 7,000 年之歷史；後來，陸續在西安、山東、浙江等地都有家豬殘骸出土（圖 1–3)。另外，於廣西桂林地區出土之豬牙 、豬骨 ，其年代距今約 11,000 年前 （11,310 ± 180 年)。

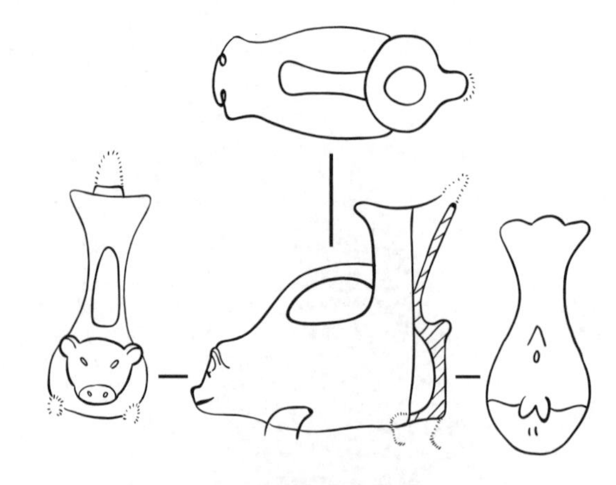

(a)加砂褐陶豬形鬹

(b)豬頭骨　　(c)陶豬

▶圖 1–3　中國浙江省餘姚縣河姆渡村遺址出土之豬頭骨和陶豬

（資料來源：張仲葛等，《中國實用養豬學》，p.5）

中國殷墟出土之甲骨文，為中國最早之文字記錄，其中有關中國人早期養豬的文字（圖 1–4），年代距今約 3,000～3,600 年前。在中國古書《周禮》也曾記載著有關各種豬隻之不同名稱，例如：豬之通稱為彘（音至）；牝（音聘）豬稱豝（音巴）或牳（音母）；牡（音畝）豬曰豭（音家）；小豬稱螟（音冥）或豚（音屯）；豬老稱艾（音艾）；割去生殖器之豬則稱劅（音敲）豬。其內容亦涵蓋不同年齡豬隻之不同稱呼。

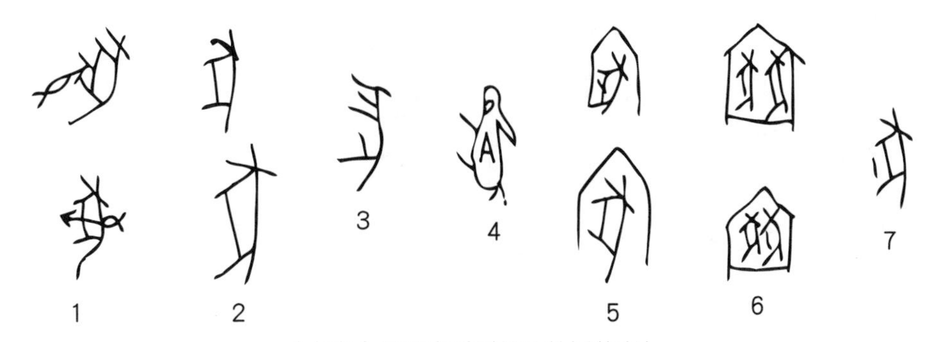

（山東大學歷史系劉敦願教授摹寫）

1.彘，即野豬，下方的「矢」字和兩邊的符號表示箭射入了野豬
2.豕，代表家豬　3.雄豬，實際上可能是種豬　4.豚　5.家
6.圂，表示圈養。「圂」字甲骨文下有一横，表示豬住地上腳踏實地
7.表示閹割的豬

▶圖 1–4　中國甲骨文記錄之養豬文字

（資料來源：張仲葛等，《中國實用養豬學》，p.7）

另據考證甲骨文之資料顯示，包括牛、豬等家畜之閹割技術，大約始自殷商時代（約紀元前 1600～1100 年）。閹割後之家畜，易於肥育，體型亦異於未閹割者，例如雄豬閹割後其兇猛之性格也因而改變。這項閹割技術，使用之器械簡單（圖 1–5），數千年來，廣泛流傳於民間以及商業豬場。就學理而言，此技術涉及解剖學、生理學、外科學和內分泌學等領域。

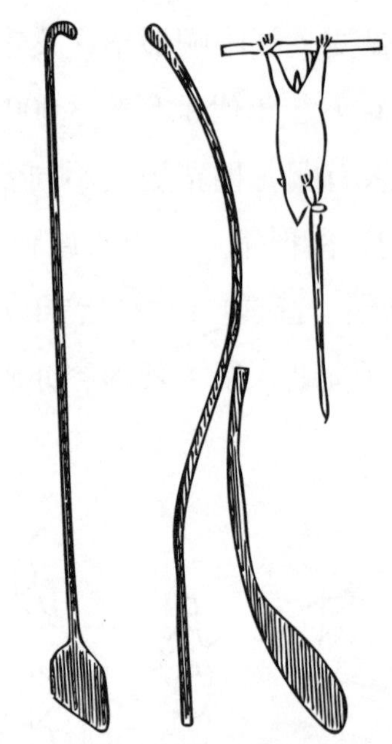

▶圖 1–5　中國民間早期應用之閹割工具

（資料來源：張仲葛等，《中國實用養豬學》，p.28）

豬隻被馴化之進程較牛、羊為遲。因為在遊牧社會裡，搬遷或移動豬隻遠不如牛、羊方便。而在搬遷或移動不易之條件下，常在當地即被馴化飼養，最後這些豬隻相繼被發展成地區性品種 (local races)；因此，目前之家豬具有較其他家畜為多之地區性品種與類型。

二、全世界養豬及豬肉消費量之概況

雖然今日大多數經濟生產家豬之品種是在溫帶之環境裡被育成，但豬隻在熱帶或亞熱帶區域之環境，仍然適應良好，即使未引入外地豬群之基因，也能發揮相當之生產力。於 1994 年調查資料，全世界豬隻之飼養頭數約 8.7 億頭，豬肉生產量約 7,629 萬噸 (tons)，飼養於中國地區之數量約佔亞洲地區之 90%；而豬肉生產量約佔亞洲地區之

85% 左右。於 1970 年和 1994 年間在養之豬隻頭數及豬肉產量，世界各洲分布概況之變動，據 FAQ 年報之資料示於表 1–1。

▶表 1–1　於 1970 年和 1994 年間世界豬隻在養頭數和豬肉產量在各洲分布比例之變化

	在養頭數，%		屠宰頭數，%		豬肉產量，%	
	1970	1994	1970	1994	1970	1994
亞洲－大洋洲 (Asia-Pacific)	41.3	55.9	34.2	52.0	24.3	49.5
歐洲 + 先前之蘇聯 (Europe + ex-USSR)	34.2	25.7	41.1	30.1	50.4	33.0
北、中美洲 (North/Central America)	14.9	10.4	20.0	12.8	20.9	13.5
南美洲 (South America)	8.3	5.6	3.7	3.5	3.7	3.0
非洲 (Africa)	1.3	2.4	1.0	1.6	0.7	1.0

（資料來源：*Pig International*, 1995, Vol.25, 5: 8–9）

世界肉類消費量 (meat consumption) 每年約成長 3%，其中豬肉量約佔 50%；豬隻在養頭數每年成長約 1.9%，屠宰頭數每年成長約 2.5%。1965 年，世界人口數為 33 億，豬隻之生產量為 4.6 億頭，全世界平均每人每年消費之豬肉量約為 9 公斤；依 1994 年之調查，全世界豬隻之生產頭數已達 8.7 億，豬肉產量為 7,629 萬噸。在 1990 年代，世界人口數已接近 50 億，並以每年增加 8 至 9 千萬人之速度成長，估計至 2000 年時，當世界人口數約 60 億，即使每人每年消費之豬肉量不再增加，豬隻之需求量仍大約為 1965 年時（4.6 億頭）之 2 倍，至少為 9 億頭。

全球養豬頭數最多者為中國，依據 2020 年資料顯示為 3.4 億頭，約佔全球 63.58%，而全球總養豬頭數約為 5.4 億頭（2020 年）。其他養豬大國分別為美國、巴西、俄羅斯（蘇聯）與加拿大等（表 1–2）。

▶表 1-2　全球主要養豬的國家豬隻頭數（仟頭）排名統計（2012 年～2020 年）

	2020 年	2019 年	2018 年	2017 年	2016 年	2015 年	2014 年	2013 年	2012 年
中國	340,000	310,410	428,070	441,589	442,092	458,029	471,602	478,931	480,302
美國	77,502	78,228	75,070	73,145	71,345	69,019	67,626	64,775	66,224
巴西	37,350	37,850	38,427	38,829	39,215	39,422	39,395	38,844	38,577
俄羅斯	25,710	25,048	23,600	22,945	21,782	21,239	19,308	19,010	18,785
加拿大	13,715	13,930	13,980	14,170	13,935	13,630	13,180	12,835	12,745
墨西哥	11,500	11,050	10,700	10,410	10,229	10,043	9,788	9,775	9,510
韓國	11,360	11,280	11,333	11,273	11,487	10,187	10,090	9,912	9,916
日本	9,088	9,090	9,156	9,280	9,346	9,313	9,440	9,537	9,685
烏克蘭	5,650	5,844	6,150	6,236	6,816	7,240	7,492	7,922	7,577
白俄羅斯	2,925	2,882	2,841	3,156	3,145	3,205	2,925	3,267	4,243

（資料來源：Knoema, 2021）

三、臺灣地區養豬及豬肉消費量之概況

於民國 83 年，臺灣養豬事業之年產值約 752 億元。佔農產品總產值之 26.4%，位居首位。民國 78 年時，全年進口雜糧之半數以上(56%)，係用於養豬。在民國 59 年時，臺灣地區居住之人口數約 1,500 萬，而在養之豬隻頭數約 300 餘萬頭；平均每人每年肉類之消費量為 23 公斤，其中豬肉量為 22.2 公斤；於民國 83 年時，人口數超過 2,100 萬人，在養之豬隻頭數約 1,006 萬頭，年屠宰頭數約 1,386 萬頭，國人豬肉之消費量則增加為平均每人每年約 40 公斤。至今在養頭數約 550 萬頭，而至今每人每年所消費的豬肉量亦接近 40 公斤左右。外銷之冷凍豬肉量，約佔每年屠宰豬隻頭數之 20～30%。自民國 75 年起，臺灣生產之豬肉與丹麥生產之豬肉，已成為日本進口豬肉之兩個最大來源。

據估計，臺灣地區人口年增加數約 20～30 萬人。因此，若不再增加外銷比例，豬隻年增長預估約 2～3%，大約 20～30 萬頭（朱瑞民等，1991)。養豬戶數則自民國 66 年起，平均每年減少 21,000 戶，於民國 78 年時仍有 53,000 戶，民國 83 年養豬戶數已減為只剩 27,324 戶（依據省政府農林廳之調查資料)；各養豬戶養豬之頭數之分布範圍，從少於 100 頭至高達 15 萬頭。減少之戶數以小規模之養豬農戶為主。因此，每戶平均養豬之頭數也自民國 64 年之 9.6 頭，逐年增加至民國 83 年之 368 頭，其中飼養 5,000 頭以上，已有 135 戶。由於國民環保意識增高，未來之趨向，各豬場為配合環保要求，可能將逐漸調整每戶飼養之規模，介於 500～5,000 頭之間。

大約從 1997 年以來，臺灣養豬總頭數已超過 1 千萬頭，隨後逐年下降至約 500～600 萬頭 (Pig Progress)。

▶表 1–3　臺灣各縣市養豬場數與在養頭數（2020 年 5 月底）

西元 項目	1966	1975	1980	1985	1991	1993	1994…	2017	2019	2020
在養頭數（萬頭）	311.0	331.0	482.0	667.0	1,008.0	984.0	1,006.0	543.3	551.4	549.9
養豬戶數（千戶）	679.0	345.0	175.0	83.7	39.6	29.7	27.3	7.4	6.8	6.5
每戶養豬頭數（頭）	4.6	9.6	28.0	79.0	254.0	330.0	368.0	–	–	851.0
豬肉消費量（公斤）	13.2	17.5	26.2	36.0	38.3	39.7	40.4	–	–	–
豬肉出口數（萬頭）	–	–	45.0	224.0	571.0	496.0	587.0	–	–	–

（資料來源：臺灣省政府農林廳與行政院農業委員會畜產試驗所之歷年統計資料）

四、豬隻生產對人類之貢獻

（一）豬隻轉變飼料能量為人類食物之效率

飼養家畜、禽之主要目的，乃是為提供人類生存所需要之食物與營養成分。在家禽與家畜動物當中，就生產人類所需求食物之營養價值而言，轉換飼料之能量為體軀能量之能力，仍以豬隻最有效率；而轉變飼料能量為體軀蛋白質 (protein) 之效率，則次於家禽與乳牛 (Holmes, 1970)。據 Fitzhugh et al. (1978) 估計，每 100 大卡可代謝能 (kcal ME)，可產生之禽畜肉類之蛋白質含量，其順序大約為：家禽 11.0 克 > 乳牛 10.09 克 > 豬隻 6.0 克 > 肉牛 2.6 克 > 綿羊 1.3 克。Ensminger (1970) 曾比較各種動物轉變飼料能源為食物之效率指出，就生產食物之整體效率（熱量 + 蛋白質之效率）評估時，豬隻之生產效率雖不如乳牛、魚類與家禽者，但仍較其他家畜者為優。表 1–4 和表 1–5 分別列示各種禽畜之每單位屠體及其產品之熱能值和蛋白質淨值。

▶表 1–4　各禽畜每單位屠體及其產品之熱能值 (Mcal/kg)

	肉 (Meat) Mcal/kg 屠體重	乳 (Milk) Mcal/kg	蛋 (Eggs) Mcal/kg
乳牛 (cattle)	2.31	0.62	–
水牛 (buffalo)	2.31	1.00	–
綿羊 (sheep)	2.00	1.12	–
山羊 (goat)	2.00	0.75	–
豬 (pig)	4.20	–	–
家禽 (poultry)	1.40	–	1.50

（資料來源：Pond and Maner (1984)，*Swine Production and Nutrition*，藝軒圖書出版社，p.18）

▶表 1–5　各禽畜每單位屠體及其產品之蛋白質淨值 (Net protein value, g/kg)

	肉 (Meat) Mcal/kg 屠體重	乳 (Milk) Mcal/kg	蛋 (Eggs) Mcal/kg
乳牛 (cattle)	105	28	–
水牛 (buffalo)	105	32	–
綿羊 (sheep)	89	48	–
山羊 (goat)	89	28	–
豬 (pig)	60	–	–
家禽 (poultry)	126	–	115

（資料來源：Pond and Maner (1984)，*Swine Production and Nutrition*，藝軒圖書出版社，p.18）

（二）豬隻生產對人類之貢獻與用途

豬隻生產事業對人類之貢獻，包含農村發展、糧食供應以及人類醫療方面之價值。綜述如下：

1. 豬肉為良好的動物性食物，營養豐富均衡，對人類健康至為重要。
2. 豬隻能利用農業上價格低廉的農產品及其副產物，諸如殘羹、糖蜜及米糠等，將之轉變為營養價值高的豬肉產品。
3. 豬隻之糞尿中富含有機物，為良好之有機肥，作為肥料，可改良土質，維持地力。
4. 豬肉生產過程中，其他副產品之貢獻，包括自豬隻血液、內臟可抽取有效且高價值之藥用成分；在醫學外科上，豬皮亦被人類用以暫時敷蓋患者燒傷之部位，效果良好。另外，皮革、鬃毛之利用，亦在人類生活上，佔有相當之地位。
5. 在解剖與生理學上，豬隻與人類具有相類似之特性，因此，小型迷你豬為人類醫學研究之良好動物材料來源與模式動物，甚至可望未來生產人類器官，供器官移植之醫學用途。

6.豬亦可作為人類的寵物，例如：迷你豬或美、澳之野豬與家豬之雜交品種等。

五、養豬事業之展望

雖然豬隻生產事業對農村發展和供應人類食物方面，有一定之貢獻，但是人類之消化生理與豬隻極為相近，利用食物之性質也相似（均屬雜食性）；在地球之面積一定、生產之作物與有其極限之條件下，就利用地球上有限資源之觀點而言，未來豬隻恐將與人類競食地球上之食物、能源與蛋白質。但就人類食物之形態、特性、風味與營養之觀點而言，豬體卻是人類所攝取之脂肪、蛋白質、維生素和礦物質等養分之有效且經濟之合成與儲存場所，故豬肉一直被人類視為優良之動物性食品來源。

隨著時代進步，現代人類對健康與生活品質之講究，使得飲食習慣已有相當的變化；已開發地區之國民對豬肉品質之要求，亦與以往能源缺乏時期，或與低度開發地區國民之需求不同。現代人類所需求之豬隻屠體，是希望油脂減少，精肉增加；內臟與豬皮等亦已不被人們所喜愛。因此，精肉之消費量增加，需求之豬隻頭數也隨之增加。由此預測，人類追求理想而有效之養豬科技，以及對豬隻之需求量，仍將隨人口之成長以及時代之進步而持續增加。顯然，不論國內外，養豬事業在未來仍然較以往更有其成長之空間。

另一方面，當國民生活水準提高時，環保意識也隨之增長；在豬場企業化密集經營型式形成後，豬群密度高，豬場原有之土地面積已不足以負荷豬隻所排出糞尿量。此刻，大量之豬糞尿若未經適當處理而任意排放，不僅將因糞尿之氧化分解，而使河川氧氣耗盡；同時，在豬隻飼料中所添加之鹽分、金屬物質，甚至藥物等，日久也將隨糞尿而累積於大地，進而破壞了當地的生態平衡。在衛生方面，也將由於糞尿臭味之溢出，而導致居民之抱怨，成為環境衛生之汙染源。因此，企業化經營之豬場，務必同時規劃糞尿之適當處理方式，藉以消除或減低上述環境汙染之問題，甚至可因此增加對糞尿自然肥力之利用。

為了改善或解決飼養動物所造成糞尿等廢棄物汙染地球環境的問題，已有所謂「細胞農業」(cell agriculture) 的概念開始萌芽，亦即可利用細胞培養技術在實驗室生產漢堡肉 (牛肉或豬肉)，但此一技術目前仍屬於試驗階段。

習題

一、是非題

(　) 1. 人類養豬約始於紀元前 2000 年。

(　) 2. 目前世界養豬頭數及豬肉產量以亞洲所佔比例最高，歐洲次之。

(　) 3. 目前臺灣地區平均每人每年豬肉之消費量低於 22 公斤。

二、填充題

1. 美國養豬之主要地區為______。而臺灣之主要養豬地區在______。
2. 目前臺灣養豬戶數約______戶，豬隻在養頭數約______頭。
3. 據考證甲骨文之資料顯示，豬隻之閹割技術，大約始自______年代。

三、問答題

1. 試述豬隻對人類的貢獻有哪些？
2. 試述全球與臺灣未來養豬事業的展望。
3. 試述目前臺灣養豬事業之分布為何？

第二章　豬隻之體型與品種特徵

據《世界家畜品種字典》之紀錄 (1969)，全世界豬隻計有 87 個品種，225 個變種。於中國已完成中國畜禽品種資源之調查，並於 1984 年出版《中國豬品種誌》一書中統計豬隻之品種與變種數超過 100 種。地方豬種依其地理及豬種特性歸納為 37 類品種。

一、豬隻在動物分類學上之地位

家豬係由野豬被馴化而來，在動物分類學上之位置，示於圖 2–1。豬屬之內包含有八個品種 (species) 的豬。存活在野外之近似家豬者，如非洲巨型森林豬 (the giant forest hog of Africa)、非洲平地的疣豬 (the warthog of the African plains)，以及具有防衛用途似角之獠牙 (tusks) 的西里伯島（東印度群島）鹿豬 (the babirusa of Celebes) 等，均與家豬同種 (species)；而家豬係經由野豬被馴化而來，與野生種的豬相較，其體型已有明顯之改變，例如，頭肩部所佔之比例，野豬大約為 70%，而家豬大約 30%，其後軀肌肉附著生長部位之比例則明顯增加。此乃長時間經人類馴養與馴化而來的。

若依照粒線體 DNA 的分類，野豬可能在更新世（pleistocene，約至今 180 萬年至 1 萬年間），早期源自於東南亞（如印尼、菲律賓）一帶，隨後大量存在於歐亞大陸與北非一帶，最後才逐漸被引入其他地區（歐、亞、非）。

動物 **界** (Kingdom, Animalia)
脊椎 **門** (Phylum, Chordata)（含背骨或退化之背脊）
哺乳 **綱** (Class, Mammalia)（溫血，具哺乳特性）
真獸 **亞綱** (Subclass, Eutheria)
偶蹄 **目** (Order, Artiodactyla)
非反芻 **亞目** (Suborder, Nonruminantia)
豬 **科** (Family, Suidae)
豬 **屬** (Genus, *Sus*)
豬 **種** (Species, *Sus Scrofa*)

▶圖 2-1　家豬在動物分類學上之位置

二、野豬之體型和行為特徵

全世界之野豬共有約 27 種亞種，依其頭骨高度與淚骨長度，可約略區分為四個區域族群，包括西方野豬、印度野豬、東方野豬與印尼野豬等。一般而言，野豬具有相對較大的頭部與前軀，體軀短而靈活，但頭頸部短而厚實，幾乎無法局部活動或轉動。頭大而長，約為體軀的 $\frac{1}{3}$ 長，極適於挖掘，眼小而深，耳長而寬，通常公豬比母豬大而重。野豬的嗅覺與聽覺十分敏銳，但視力較差且無法真正區別顏色。此外，野豬在遺傳上具有特定基因的突變，此可保護其在野外被毒蛇咬傷而中毒。

根據考證，中國地區之豬種之起源，依地理區分可被歸類如下：

（一）華南野豬 (*Sus scrofa chirodontus Heude*)：分布於南部和海南島一帶。

（二）臺灣野豬 (*Sus scrofa Taivanus Swinhoe*)：為臺灣山豬之祖先。

（三）華北野豬 (*Sus scrofa moupiensis Milne-Edwards*)：分布於華北地區。

（四）東北白胸野豬 (*Sus scrofa leucomystax Temminck*)：分布於東北地區之中南部一帶，包括日本、韓國。

（五）矮野豬 (*Sus scrofa silvianus*)：分布於雲南廣西一帶（體型小，顱骨長度約 15 公分）。

（六）烏蘇里野豬 (*Sus scrofa ussuricus Heude*)：分布於遼寧、吉林、黑龍江一帶。

（七）蒙古野豬 (*Sus scrofa raddeanus Adlerberg*)：分布於內蒙古、蒙古地區。

（八）新疆野豬 (*Sus scrofa nigripes Blanford*)：分布於天山喀什地區。

野豬之外表，沿背部具粗糙之鬃毛，具似馬鬃狀之脊。頭長四肢粗大，體軀狹窄，獠牙長而強壯，極為勇敢且倔強，具極強的跳躍和戰鬥能力。成熟動物之毛色近黑色，常混雜灰色或鏽棕色 (gray or rusty brown)，小豬則呈條紋狀，耳朵短而豎立。

由於豬隻有搬遷或移動不易之限制，因此，人類馴化野豬之過程，多數採就地取材（野豬）方式加以馴養；在馴化階段，依地域之自然條件和社會習性，伴隨個人喜好之毛色、體型加以選拔 (selection)；因而造成各區域家豬之外型，產生明顯之地域性差異，此包括毛色、口鼻部之長度、體型和耳朵之大小與形狀等之變化，最後逐漸發展成為各地區性品種 (local races) 之特徵。

三、歐美現代豬隻的體型分類

豬隻體型之變化主要係取決於消費市場的需求、飼料來源以及育種者本身的喜好等因素之影響，並經長期選育的結果。

目前可依其用途將豬隻的體型概略分為四個主要類型：

（一）肥肉型 (Lard type)

此類型豬的體型肥胖、早熟、繁殖力差、皮下脂肪厚，盛行於十九世紀。至 1925 年後，由於消費者需求瘦肉型豬漸多，而使此型豬種逐漸式微，當時的代表品種為波中豬 (Poland-China)，但今日的波中豬亦已被改良成瘦肉型。以往在某些特定地區，如拉丁美洲和歐洲南部等，為了生產工業用油脂，曾一度鼓勵飼養肥肉型豬種。

（二）醃肉型 (Bacon type)

此型的體軀長而高，腹脇亦長，肋骨開張，瘦肉產量多，皮下脂肪薄，但較為晚熟，如約克夏與藍瑞斯屬之。

此類型的形成，主要受到飼料種類與遺傳之影響，養育醃肉型豬之區域，通常為生產黃豆、大麥、小麥與燕麥等穀類為主之地區。這些穀物產品之肥育效果較玉米為差。此外，當地的豬隻品種亦具備有形成醃肉型之特性，唯多數地區之約克夏和藍瑞斯豬種已逐漸被改良成精肉型。

（三）精肉型 (Meat type)

此類型豬隻體軀結構介於肥肉型與醃肉型兩者之間。其體軀長，寬而深，瘦肉產量多，且因肌肉具有適量之脂肪，故肉質口感良好。如漢布夏、杜洛克 (Duroc)，以及經改良後之波中豬、約克夏和藍瑞斯等品種皆屬之。在 1925 年後歐美兩地的育種家均投入相當心力於此一體型豬隻之選育。

（四）小型或迷你豬 (Miniature pig)

體型小，成熟體重約 50～70 公斤，育成之目的主要為提供生物醫療實驗之動物材料。代表品種包括美國的明尼蘇達迷你豬與德國哥廷根迷你豬。臺灣的蘭嶼豬與李宋豬（含 75% 蘭嶼血統與 25% 藍瑞斯血統）亦皆因此目的而被選育出來的小型品種。

四、歐美豬隻之品種與特徵

（一）藍瑞斯 (Landrace)（彩圖 1）

原產於丹麥，被用於生產高品質醃肉之用。後來歐美各國相繼引進，加入當地品種血緣，加以改良而育成各地區不同之藍瑞斯品系。

1. **特徵：**全身白色，體軀長，背線平直，深脇，鼻直，耳朵大而下垂。四肢稍短，腿部略呈方形，肋骨數大多 16～17 對。
2. **性能：**繁殖力佳，母性優良，哺乳能力良好，生長速率及飼料效率優良，屠體長，瘦肉率屬中等。

（二）約克夏 (Yorkshire)（彩圖 2）

此品種依體型大小分大、中、小三型，大型者又被稱為大白豬 (Large White)，原產於英國約克夏郡及英格蘭北部，為頗受喜愛的醃肉型品種。

1. **特徵：**體長而深，背線平直，全身白色，有時呈現黑色或藍色斑點。面部碟狀，耳朵直立，稍大而薄。
2. **性能：**繁殖力佳，母性及泌乳能力良好，產仔數與育成率高，飼料效率佳，屠體長且瘦肉與肥肉的比例配合適當。

（三）杜洛克 (Duroc-Jersey)（彩圖 3）

源自歐洲的紅豬，與英國之湯渥斯 (Tamworth) 種之體色相當。於十八世紀初期，被西班牙和葡萄牙人攜入美國東北部，經選育後育成。隨後再經由紐約州之杜洛克種摻入新澤西州之紅娟姍 (Jersey red) 豬種血緣，最後育成現稱之杜洛克種。

1. **特徵：**毛色紅棕，其深淺與性能無關。體軀長度中等，背穹，耳朵中等大小、半豎立，耳端前傾。凡身體任何部位呈現白點、黑點或旋毛者，均屬失格。
2. **性能：**繁殖力中等，性情溫馴，對環境適應性良好，增重快速，飼料效率佳，耐粗食，屬於精肉型之豬種。

（四）漢布夏 (Hampshire)（彩圖 4）

起源於英國漢布夏郡，全身黑色被毛具有白色肩帶，以其放牧性強與屠體性能良好著稱。

1. **特徵：**有白色帶環繞肩部及前肢，其餘部分則為黑色。頭部較小，口鼻尖長，耳朵直立，背穹，體軀平整。白色肩帶之寬狹不一，唯其寬度超過軀體 $\frac{2}{3}$ 或不完全或毛色全黑者均不宜。
2. **性能：**繁殖及生長能力中等，背脂厚度薄，腰眼面積大，後腿肌肉發達，瘦肉率高，環境適應力強，屬於瘦肉型豬種。

（五）巴克夏 (Berkshire)（彩圖 5）

巴克夏為最早的改良品種之一，原產於英國中南部的巴克夏郡及威爾夏郡 (Wiltshire)，為英國本地之野豬與中國豬（源自廣東一帶）、暹羅豬（中南半島）及羅馬豬（地中海區）等交配育成。為最早被引入臺灣地區，用以改良本地豬之品種者。

1. **特徵：**屬黑毛色，而俗稱「六白」豬，乃因其於鼻端、尾端及四肢末端等六處呈現白色之故。鼻短微上揚，臉略呈碟狀，耳朵直立微前傾，體型中等。
2. **性能：**繁殖性能不佳，早期脂肪含量高，目前經選拔後已有改善。肉質佳，屬於精肉型品種。性耐寒。

（六）比利華 (Pietrain)（彩圖 6）

原產比利時普拉旁特地區之比利華村附近。於民國 58～60 年間曾被臺糖公司自西德引進國內飼養，唯其適應高溫環境之能力不如藍瑞斯與大白豬等品種，多具緊迫敏感症遺傳性疾病。

1. **特徵：**毛色為白色與黑色或暗褐色等不規則混合之黑白斑。耳朵直立前傾，體軀短，四肢骨細而短。
2. **性能：**繁殖性能中等，屠體產肉量高，肩部及後軀肌肉發達，適合生產新鮮肉及加工用豬肉。其生長性能不如其他品種，但其耐高溫環境之能力仍待評估。

（七）湯渥斯 (Tamworth)（彩圖 7）

此品種源於愛爾蘭，後來被引進到英國的湯渥斯地方而得名，可能為所有豬品種中最純、最古老的品種之一。雖然此品種的歷史並未十分清楚，但其可能為英國之野豬馴養後而繁衍下來之後代。

1. **特徵：**被毛紅棕色，且深淺不一（類似 Duroc 者），為最佳醃肉型之品種。腿長，側軀長而平滑，背部強健有力，介於兩耳間的頭部區域寬廣，鼻端直而長，下顎平整，兩耳直立。

2.性能：可適應各種不良之地形，為良好之放牧品種。母豬生產力強，母性佳。其屠體品質最適醃肉之製造。

五、中國豬隻之類型與種性

（一）中國豬種之分類

在《中國豬品種誌》記錄：若以外形和解剖學之特點，則可分為華北和華南兩型，其中間型為華中型；若依毛色區分，中國地方豬隻可歸類為黑、白及花三類。於 1960 年中國農業科學院畜牧研究所出版之《中國養豬學》記載之歸類，乃依其生產性能、體質外型、飼養條件、移民及社會經濟等情況，將中國地方豬種分為華北型、華中型、華南型、華北華中過渡型、西南亞型和高原型等六大類。於 1975 年《中國豬種（一）》已將華北華中過渡型與西南亞型分別更名為江海型及西南型。

依地理氣候及生態條件之異同，將六類型地方豬種之特徵分述如下：

1.華北型

主要分布於秦嶺、淮河以北，包括華北區、東北區、蒙古新疆區，地域面積廣大，氣候乾燥寒冷，農作物以雜糧為主，飼料種類雖多但數量較少，故多採分散放牧之型態。此型豬種之特性為：體軀高大、背腰窄而平直、四肢粗壯、腹部下垂、毛黑長而密、鬃毛粗長、耳大下垂，繁殖性能良好、早熟、產仔數多在 10～12 頭以上，乳頭數約 14～16 個（7～8 對）。此型之品種有：東北民豬（彩圖 8）、八眉豬及黃淮海黑豬等。由於生長較慢，曾引進外來品種予以雜交而成一些改良品種。

2. 華中型

主要分布於長江南岸到北回歸線間的大巴山和武陵山以東的廣大地區，氣候溫熱溼潤，農業發達，飼料來源豐富，對豬隻飼養管理較為精細，多採舍飼。此型豬種特性為：生長快、繁殖性能中上、骨骼較細、性情溫順、早熟易肥、背腰較寬且大多凹陷、腹大下垂、耳中等大小下垂、被毛稀疏無絨毛、毛色以黑白花為主、頭尾多為黑色。此型之品種有：浙江金華豬、廣東大花白豬及湖南寧湘豬等。

3. 華南型

主要分布於中國南部的熱帶和亞熱帶地區， 氣候暖熱雨量充沛，青綠飼料來源豐富，精料充足，故此型豬隻易沉積脂肪，體型短矮寬圓、背腰寬而下陷、腹大下垂、毛色以黑白花為主、早熟但繁殖力較差。此型之品種有：滇南小耳豬、福建槐豬、廣西陸川豬及海南島的臨高豬、文昌豬和屯昌豬等。而臺灣的桃園豬、美濃豬和頂雙溪豬等，主要也源自此地區之豬種。

4. 江海型

主要分布於漢水和長江中下游沿岸以及東南沿海地區，臺灣亦包括在內，此區氣候適宜，地勢平坦，為工業農業最發達之區域。由於江海型地處華中型及華北型之交錯地帶，因此江海型豬種多由此二大類型之豬種雜交而成，故其各豬種間差異較大，毛色由黑至黑白花，甚至亦有全白者，體型大小也不一，但此型豬種亦有其共同特點，以其繁殖力高而著稱，每窩產仔數在 13 頭以上，甚至多達 20 頭以上。此型之品種有：太湖豬（彩圖 9）、湖北陽新豬。

5. 西南型

主要分布於四川盆地和雲貴的大部分地區，以及湘鄂的西部。分布地區之地形以山地為主，海拔一般在一千公尺以上，表現亞熱帶山地氣候，雨水及雲霧多，溼度大，日照少，由於此區地形複雜，故各地的農業生產水準差異大，山地養豬以放牧為主，而四川盆地物產較豐，故常以加工副產品飼養豬隻。本型之豬一般體型較大、頭大、頸粗短、背腰寬而凹、腹大下垂、繁殖力較差、毛色複雜但以全黑居多，亦有黑白花和棕色毛者。此型之品種有：四川的內江豬及榮昌豬、貴州關嶺豬及湖川山地豬等。

6.高原型

主要分布於青康藏高原，地域地勢高，大部分都在海拔三千公尺以上，氣候寒冷乾燥，日照時間長，太陽輻射強，耕作較粗放，飼料來源少，豬隻終年靠放牧採食野生青飼料為主，故本區之豬體型較小，形似野豬，頭長嘴尖，耳小豎立，背窄而微拱，四肢強健，蹄小而堅實，善於奔跑，毛色多為黑色或黑灰色，有絨毛，耐寒耐粗飼，但生長緩慢，繁殖力差且晚熟。高原型豬的分布面積雖廣，但豬的數量品種少，以藏豬為典型代表。

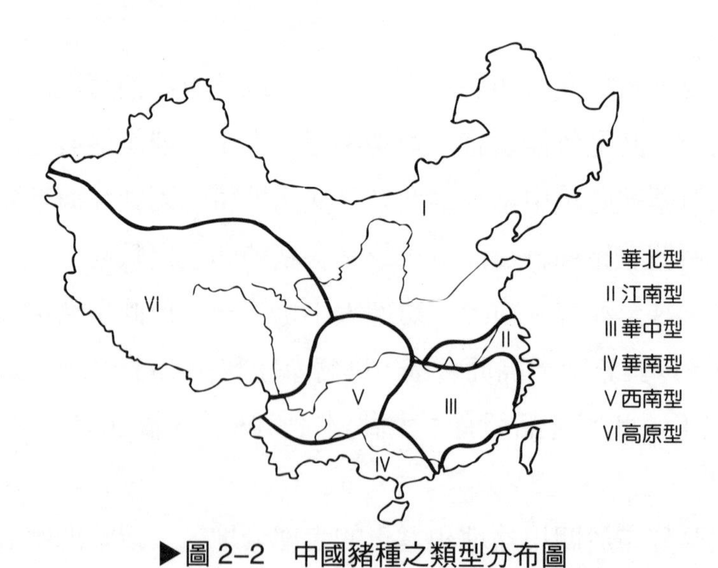

▶圖 2-2　中國豬種之類型分布圖

（摘自：《中國豬品種誌》，上海科學技術出版社，p.20）

（二）中國地方豬種的特性

中國地方豬種之類別很多，又由於受到自然及社會經濟條件不同之影響，其體型與性能也具有很大的差異性，但在基本的種性方面，仍然存在一些共通之優缺點。

1.優點

⑴早熟、易肥：某些地方豬種，可於3～4月齡即達性成熟，此一早熟之特性，早已為世界各國之豬隻改良學者加以利用，作為各國當地豬種之品種改良。

⑵繁殖力強：此一特點為中國南北方豬種普遍具有之優良種性。例如，東北民豬，每窩產仔12～13頭，2月齡時，可存活10～11頭；湖北通城豬為9～16頭，尤其是太湖豬系中的梅山豬，年產兩胎，初產可達14頭，而至第2～7胎時，每胎可產18頭，離乳存活高達16頭。因此歐美各國為提高其豬種之繁殖效率，紛紛引進梅山豬進行育種改良的工作。

⑶抗逆性強：是在中國特有的環境條件下所發展而來的一種適應能力，大多能耐青飼（青料及糠類），即使在低能量、低蛋白質水準之情況下，仍能有效的增重。對於氣候之嚴寒、酷熱及疾病的侵襲皆有很強之抗性。

⑷肉質嫩美：中國豬之肉質口感較佳之原因可能與其肌纖維細，肌束纖維數量多（肌肉紋理佳），保水性強，且肌間脂肪含量高有關。通常西洋豬隻之肌間脂肪含量僅2%，而中國豬一般都在3%以上，尤其湖北通城豬，竟高達9%。此外，大陸豬生長慢、屠宰日齡較遲，是否影響肉質之口感，仍待印證。

⑸性情溫馴：由於性情溫馴，故中國豬隻極易圈飼，易於管理。

2. 缺點

所有的豬種皆有優點，亦必有其缺點；相對的，中國地方豬種之缺點就是脂肪多、瘦肉少、屠宰率低，且增重較慢。

（三）中國地方豬種之品種與名稱

由於中國地方豬隻品種名稱繁複，經歸類整理後，其新舊名稱列示於表 2–1。

六、臺灣地區之本地豬種

臺灣地區之豬種主要由大陸華南、廣東、福建飼育，於先民移居臺灣時引進。體型比較類似中國華南型，在先民定居之地區繁殖，並依其地域而分為桃園種、頂雙溪種、美濃種、小耳（蘭嶼）種，和極少數之海南島種。

（一）桃園種（彩圖 10）

原稱中壢種或龍潭種，1910 年統一改為現名。被毛黑色，皮膚黑或灰色，體表與頭部皮膚之皺紋明顯，頸單薄，肩粗，臀斜，胸部開張不良，腰凹下彎，腹大下垂，背略凹，四肢粗糙繫節弱，飛節以下向前斜傾（李登元，《家畜育種學》，國立編譯館出版），耳厚重，大而下垂。耐粗飼且繁殖力強，產仔數平均 9.1 ± 0.4 頭，但生長期長而屠體差。1870 年代由廣東客家移民從梅州地區引進。

（二）頂雙溪種

原種體型小於桃園種，為桃園種混入少許地方野豬血源之後裔，經日人混入巴克夏血源，改良後成現今體型，為本地豬種中體型最大者，黑色被毛，四肢、頭臉及耳均較桃園種長，背、腹及腰部均較桃園種平整，繁殖力佳，母性良好。

▶表 2-1　中國地方豬種新舊名稱對照表

品種名稱	原有或歸併前名稱
1.民豬	東北民豬（大民豬、二民豬、荷包豬）
2.八眉豬	涇川豬、伙豬、互助豬
3.黃淮海黑豬	淮豬、萊蕪豬、深州豬、馬身豬、河套大耳豬
4.漢江黑豬	黑河豬、安康豬、鐵河豬、鐵爐豬、水磑河豬
5.沂蒙黑豬	沂南二花豬、莒南豬
6.兩廣小花豬	陸川豬、福綿豬、公館豬、廣東小耳花豬（黃塘豬、中垌豬、塘墢豬、桂墟豬）
7.粵東黑豬	惠陽黑豬、饒平黑豬
8.海南豬	文昌豬、臨高豬、屯昌豬
9.滇南小耳豬	德宏小耳豬、傈匕豬、臘豬（愛尼豬）、文山豬（阿尼豬）
10.藍塘豬	芙蓉豬
11.香豬	從江香豬、環江香豬
12.槐豬	雙洋豬
13.五指山豬	山豬、老鼠豬
14.寧鄉豬	草沖豬、流沙河豬
15.華中兩頭烏豬	監利豬、通城豬、沙子嶺豬、贛西兩頭烏豬、東山豬
16.湘西黑豬	桃園黑豬、浦市黑豬、大合坪豬
17.大花白豬	大花烏豬、廣東大花白豬、金利豬、梅花豬、梁村豬、四保豬、坭陂豬
18.金華豬	兩頭烏豬、金華兩頭烏豬
19.閩北花豬	夏茂豬、洋口豬、王臺豬
20.嵊縣花豬	富潤豬、新昌豬、章鎮豬、蔣岩橋豬
21.樂平豬	贛東北花豬
22.杭豬	杭口豬、上杭豬、大鄉豬、蓮花豬、武寧花豬
23.贛中南花豬	茶園豬、冠朝豬、左安豬等
24.玉江豬	玉山烏豬、廣豐烏豬、江山烏豬
25.武夷黑豬	閩北黑豬、贛東黑豬
26.清平豬	湞溪豬

27.南陽黑豬	宛西八眉豬、師崗豬
28.皖浙花豬	皖南花豬、淳安花豬
29.太湖豬	梅山豬、楓涇豬、二花臉豬、嘉興黑豬、橫涇豬、米豬、沙烏頭豬
30.姜曲海豬	大倫庄豬、曲塘豬、海安團豬
31.圩豬	皖南黑豬、宣城豬
32.臺灣豬	桃園豬、美濃豬、頂雙溪豬
33.內江豬	東鄉豬
34.雅南豬	雅河豬、南河豬、名山黑豬、鐵山豬、楞子黑豬
35.湖川山地豬	鄂西黑豬、盆周山地豬
36.烏金豬	柯樂豬、威寧豬、大河豬、涼山豬
37.藏豬	甘孜藏豬、迪慶藏豬、合作豬

（資料來源：《中國豬品種誌》，上海科學技術出版社，p.236）

（三）美濃種

體型較桃園種及頂雙溪種稍小，被毛黑色，頭部與體軀外貌及皮膚皺摺等特徵均類似桃園種，唯腹部下垂及體背凹下更加明顯，飼料效率差。1880 年代由廣東客家移民自原居地引進。

（四）小耳種（彩圖 11）

原產於蘭嶼，可能源於南洋群島，曾被臺東山區原住民飼育。成豬體重僅約 60 公斤，屬小型種。被毛密，而呈黑色與赤色，近親繁殖有白色基因表現，體表較平滑，面部細長，頸細而短，耳立。國立臺灣大學畜牧系曾加入西洋豬隻（藍瑞斯）血源育成李宋豬品系（彩圖 12），李宋豬被毛為白色與花色。產仔數平均 4.95 ± 0.35 頭（李登元，《家畜育種學》，國立編譯館出版，p.22）。

實習一
各部位體型名稱之認識與體重估測

一、學習目標

（一）認識豬體各部位之名稱，以期能鑑別豬隻體型之優劣。

（二）藉豬隻體重之估測，瞭解豬隻成長過程中各種體型之體重約略值。且可在無磅秤情況下較準確地估算其體重，並減少豬隻因驅趕而造成之緊迫。

二、學習活動

（一）各部位體型名稱之認識

1. 材料

以繪圖、投影片及模型等工具認識豬體各部位之名稱。

2. 活動

由任課教師帶領學生至現場實地觀測。

豬體各部位之名稱如圖 2-3 所示。

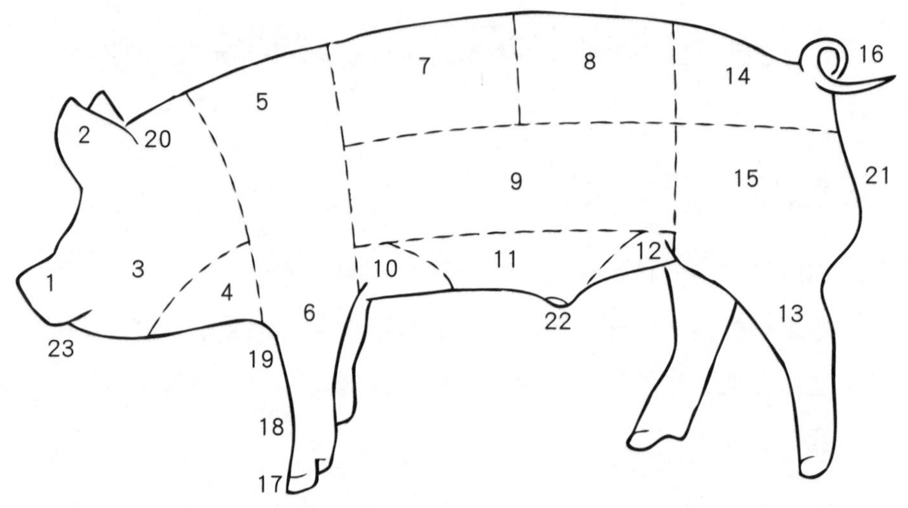

1.鼻　2.耳　3.臉頰　4.咽喉　5.肩　6.前肢　7.背　8.腰　9.腹側　10.前脇　11.腹部　12.後脇　13.後肢　14.臀　15.大腿　16.尾　17.蹄部　18.繫部　19.管部　20.頸部　21.陰囊　22.陰莖鞘　23.口

▶圖 2-3　豬隻體型各部位名稱

（二）體重估測

1.材料

準備卷尺以便測量豬隻胸圍與體長。

2.活動

⑴方法一：豬隻之體重除了使用磅秤秤重外，亦可應用估重公式來估算，其估重誤差一般在 5～7% 左右，其估重公式如下：

$$體重（公斤）= \frac{胸圍（公分）\times 體長（公分）}{142 或 156 或 162}$$

其中分子部分：胸圍是測量兩前肢正後方至肩胛骨後方之胸部周圍的長度；體長則是以豬之兩耳中點至尾根之長度。分母部分之三個數目則分別表示：豬隻體型為肥胖、中等或削瘦時，除以不同之常數，而能更正確估算其體重。當估重完成後再實際秤量豬隻體重，以瞭解估重公式之準確度，並在反覆練習中認識各豬隻體型應歸類於肥胖、中等或削瘦。

⑵方法二：依方法一測量豬隻體長與胸圍後，以下式計算之：

$$估計體重（公斤）=\frac{胸圍（公分）^{2}\times 體長（公分）}{14,450}$$

估量的結果，體重在68公斤以下及180公斤以上作如下之修正：

① 68公斤以下加3.18

② 180～193公斤減4.54

③ 193～204公斤減9.08

④ 204～216公斤減13.62

⑤ 216～227公斤減18.16

⑥ 227～238公斤減22.70

⑦ 238～250公斤減27.24

⑧ 250～261公斤減31.78

⑨ 261公斤以上減36.32

習題

一、填空，填寫下列豬體表部位名稱

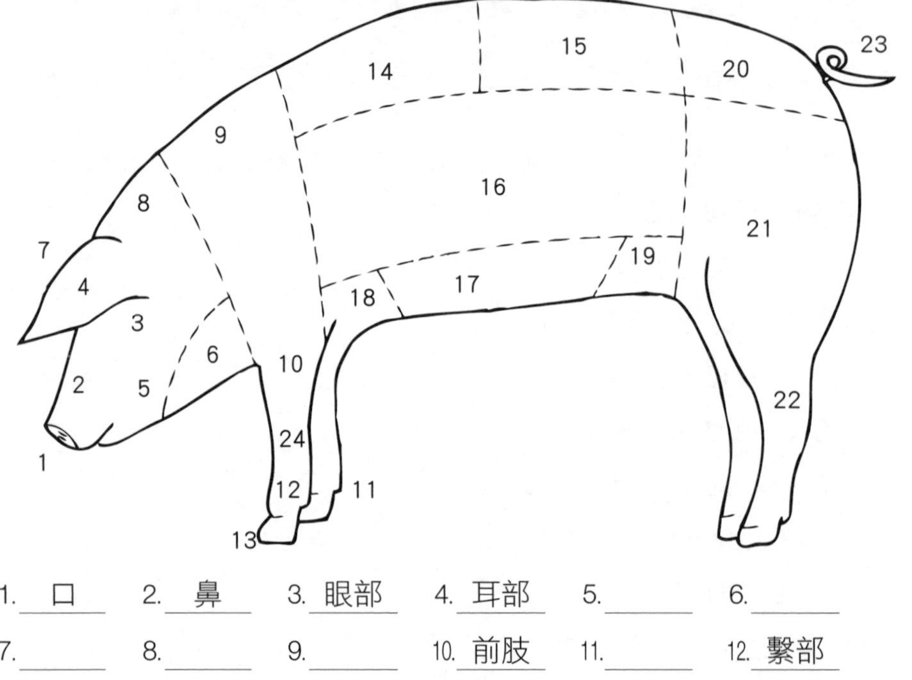

1. 口	2. 鼻	3. 眼部	4. 耳部	5. ____	6. ____
7. ____	8. ____	9. ____	10. 前肢	11. ____	12. 繫部
13. 蹄	14. ____	15. ____	16. ____	17. ____	18. ____
19. ____	20. ____	21. ____	22. 後肢	23. 尾	24. 管部

二、問答題

1. 試說明中國豬隻之特性。

2. 試列舉目前在臺灣種豬協會辦理登錄之豬隻品種及其特徵。

第三章　繁殖與育成

豬隻為一胎多仔之哺乳動物，無特定的繁殖季節，全年均可生殖，繁殖極為迅速。母豬可年產 2 胎以上，每胎大約可產 10 頭或更多之仔豬，公豬一次射出之精液量及精子數 (2×10^8 / mL $\times$ 200 mL) 冠於所有哺乳家畜。因此，種豬場經營之績效乃維繫在種豬之繁殖效率。在繁殖過程，雄豬擔任之基本任務為生產及儲蓄精子，並在適當的時機將具生育能力之精子送入雌豬之生殖道內，以達受孕之目的。雌豬則在每次的排卵週期，生產有限數目（10～25 個）的卵母細胞，待卵母細胞在生殖系統之輸卵管腔內受精形成受精卵（或胚），受精卵（或胚）即進入子宮角落孕育成胎兒，經歷全程懷孕期後分娩出新生仔畜；此時母畜分泌乳液哺育仔畜，提供仔畜繼續發育與成熟之營養需求。

為提高種豬之繁殖效率與靈活運用繁殖技術於種豬之生產途徑，則應先瞭解種豬兩性之生殖系統及其繁殖特性。

一、雄豬之生殖系統

公豬之生殖系統包括位於陰囊內之兩個性腺（睪丸）和相關之附屬管道與腺體，以及供交配用之陰莖等。睪丸為產生雄性細胞即精子 (spermatozoa) 和雄性素之場所，而陰囊則提供可生產精子之適當環境；附屬之管道與腺體包括附睪、輸精管、尿道和附屬性腺（儲精囊、攝護腺及尿道球腺），以及外生殖器（陰莖）。這些構造之主要功能為幫助睪丸所產生之精子趨向成熟，並能抵達受精部位，協助精子完成受精作用 (fertilization)。

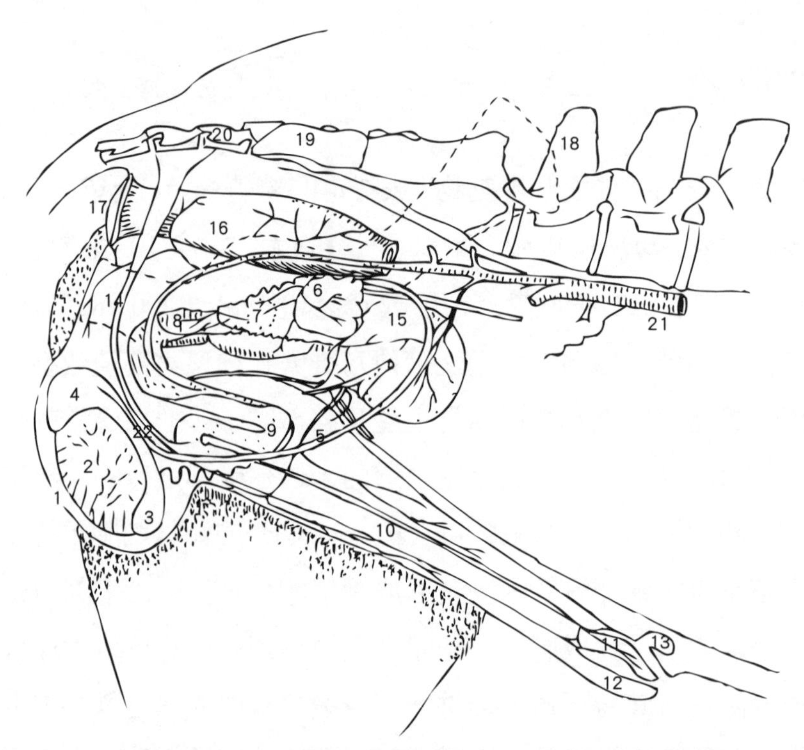

1.陰囊　2.睪丸　3.附睪頭　4.附睪尾　5.輸精管　6.儲精囊　7.攝護腺（圓虛線）
8.尿道球腺（考柏氏腺）　9.陰莖 S 形彎曲　10.陰莖　11.陰莖游離部　12.包皮　13.包皮囊
14.陰莖後拉肌　15.膀胱　16.直腸　17.肛門　18.腰椎　19.薦椎　20.尾椎　21.腹主（大）動脈
22.附睪體

▶圖 3–1　公豬生殖器官解剖

（資料來源：朱瑞民、李坤雄等，《豬的世界》，黎明文化事業公司，p.114；摘自：Getty, R., 1955）

（一）睪丸 (Testis)

睪丸為雄性動物之主要性腺，成對包覆於陰囊內，在肛門正下方；公豬睪丸之直徑幾乎與其體背垂直（略呈 45° 角）。外表由結締組織構成厚韌之白膜所被覆。

實質組織主要為生精細管。生精細管若依其彎曲形態，可分為位在較外圍之曲精細管和靠近中隔之直精細管，精子之生成作用主要發生於曲精細管內。生精細管外層為結締組織，內層之上皮細胞層含有二類細胞，即支持細胞 (Sertoli cells) 和生殖細胞 (germ cells)，支持細胞之功用在於支持各級生殖細胞之生成作用，生殖細胞包含精子生成過程中細胞增生分裂之精原細胞、精母細胞和精細胞，以及經變形後所形成之精子。在生精細管管外間隙內含有間隙細胞，亦稱為萊迪氏細胞 (Leydig cells)，其功用為分泌雄性素。

直精細管匯集於睪丸中隔區構成睪丸網 (rete testis)，形成自頭端通往附睪之輸出管，每一睪丸約含 14～21 條輸出小管。

（二）附睪 (Epididymis)

分別密接於睪丸，分為頭、體與尾部三部分；公豬之附睪頭部在下、尾部在上。睪丸之輸出小管逐漸匯集成單一管道之附睪，管道細長迂迴彎曲。附睪之基本功能包括下列四項：

1. 運輸睪丸產生之精子至輸精管之通道。
2. 儲存精子之場所。
3. 精子成熟之場所。
4. 濃縮來自睪丸之分泌液，並分泌重要物質構成精液之部分組成。

公豬精子經歷附睪所需之時間約 10 天。

（三）輸精管 (vas deferens) 及其他附屬性腺

輸精管分為左右兩條，其功用為射精時輸送附睪尾端之精子進入骨盆區尿道（又稱射精管）。

儲精囊 (seminal vesicle) 左右成對，位於膀胱後方背面，開口於尿道前端。儲精囊為公豬附屬性腺中最大者。其分泌液構成精漿之大部分。

攝護腺 (prostate gland) 又稱前列腺，位於儲精囊後方，於膀胱頸部圍繞著骨盆區尿道。具有許多排出小管，開口於尿道內壁。其分泌物中含前列腺素 ($PGF_{2\alpha}$)，可引起母豬之子宮收縮，協助運送精子至輸卵管進行受精作用。

尿道球腺 (bulbourethral glands) 又稱考柏氏腺 (Cowper's glands)，左右成對，位於骨盆腔尿道兩側，開口於尿道背窩。公豬之尿道球腺腺體十分發達，由尿道球肌包圍，其分泌物具有清洗尿道之功能；射精時主要由儲精囊分泌大量膠狀物 (gel-like fraction)。

（四）陰莖 (penis) 與雄性尿道

陰莖為公豬交配之外生殖器官，並具有排尿之功能。形狀細長，游離端呈螺旋狀。雄性尿道為由膀胱頸至陰莖尖端之管道，可分為骨盆區尿道及骨盆區外尿道（陰莖部）兩部分。為尿液排出之管道，亦為精液射出之通道。

（五）陰囊 (scrotum)

為容納睪丸及附睪之肌性囊，中央以陰囊縫線劃分為左右二腔。位於肛門下方，陰囊皮膚和囊內外提睪肌之舒縮以及動脈與靜脈血管之熱交換作用可調節睪丸之環境溫度，使陰囊與睪丸內之溫度較腹腔者低約 1～2 °C，以利生精作用 (spermatogenesis) 之進行。

二、母豬之生殖系統

母豬之生殖系統係由卵巢、輸卵管、子宮、陰道、外陰及乳腺 (mammary gland) 等所組成。在繁殖過程，母豬擔負的任務包括卵巢在排卵 (ovulation) 後，輸卵管及子宮分別提供為卵子受精和孕育胚胎以迄懷孕終了（分娩）之場所，最後產出生理趨近成熟之新生胎兒，並開始由乳腺分泌乳汁，提供為新生胎兒發育之營養需要。顯然母豬在整個繁殖過程中，其所扮演之角色較公豬為複雜且繁重。

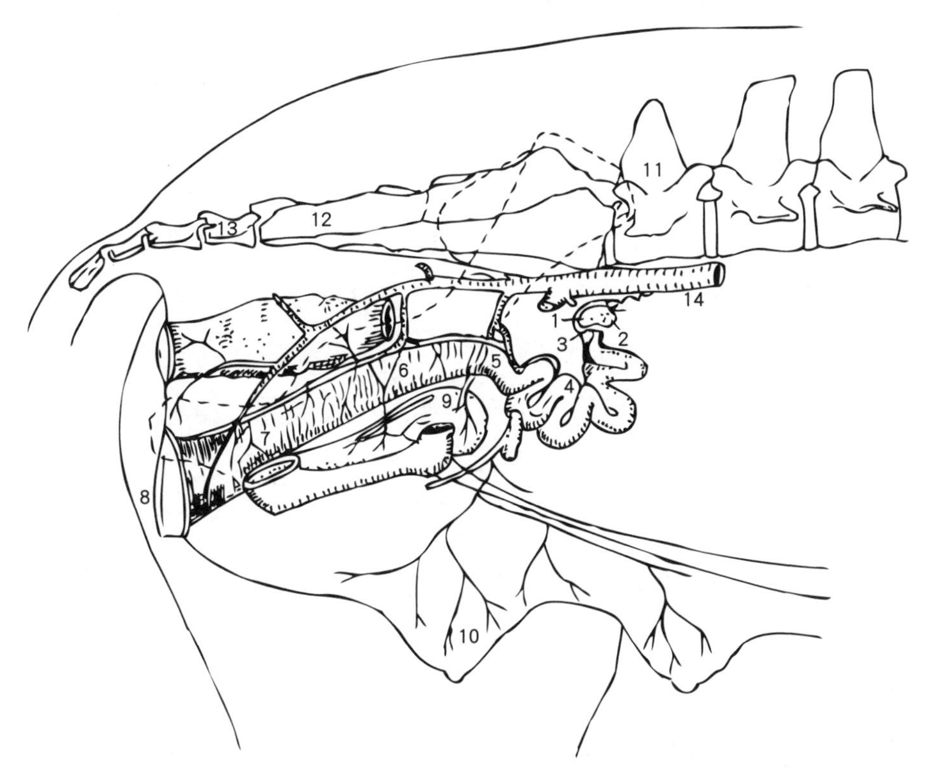

1.卵巢　2.喇叭口　3.輸卵管　4.子宮角　5.子宮本體　6.子宮頸　7.陰道　8.外陰部
9.膀胱　10.乳腺　11.腰椎　12.薦椎　13.尾椎　14.腹主（大）動脈

▶圖 3-2　母豬生殖器官解剖原位圖

（資料來源：朱瑞民、李坤雄等，《豬的世界》，黎明文化事業公司，p.122；摘自：Getty, R., 1955）

（一）卵巢 (ovary)

左右各一，位於骨盆腔入口的外緣腎臟後方。其功能包括：產生生殖細胞（即卵母細胞）和內分泌之生理作用；在濾泡期階段由濾泡分泌動情素或雌性素 (estrogen)，以及在排卵後形成黃體 (corpus luteum) 並分泌助孕素或助孕酮 (progesterone)。

卵母細胞自卵巢之成熟濾泡排出之過程稱為排卵；母豬通常在動情週期中之發情期排卵，大約是在發情開始 36～40 小時間排卵。在單次發情期所排出卵子數目，通常 10～25 個之間。排卵數目隨母豬之年齡而逐漸增加。

卵巢表面外形似桑葚狀，在組織學方面外被之結締組織稱為白膜 (tunica albuginea)，內部可分為皮質 (cortex) 與髓質 (medulla) 兩部分。髓質由彈性纖維、平滑肌及血管等組成，皮質內含有多數的濾泡及結締組織。濾泡數目多，而濾泡大小隨濾泡發育之期別而定。通常每一濾泡中含有一卵母細胞，隨濾泡之發育亦逐漸轉變為成熟之卵母細胞，於排卵時自濾泡中釋出。於濾泡發育成長期間，濾泡內鞘膜細胞和顆粒性細胞協同分泌動情素，其中之主要成分為雌二醇 (17β-estradiol)，其生理作用有：促進生理系統包括乳腺管狀系統之發育，使母豬表現發情特徵。在排出卵子後，濾泡即逐漸形成黃體；黃體組織分泌助孕素，在母體未懷孕時，約維持 14 天；若懷孕，則形成妊娠黃體，維持至懷孕末期。其生理功能包括使子宮之生理轉向懷孕期狀態，準備接受胚胎著床，並維持懷孕；促進乳腺泡 (alveoli) 之發育以及抑制母豬之恢復發情和排卵現象等。

（二）輸卵管 (uterine tubes, fallopian tubes, or oviducts)

左右各一，為連接卵巢與子宮之小管，由輸卵管繫膜維繫呈彎曲螺旋狀。為提供精卵之受精場所，其分泌物則含受精卵早期發育所需之養分。輸卵管後端（子宮端）較細小，而卵巢端則膨大，且有指狀之突出，稱為繖部 (fimbria)。於發情期，繖部靠近卵巢表面，用以接收濾泡所釋出之卵子。

（三）子宮 (uterus)

位於膀胱與直腸之間，形態上子宮可分為子宮角、子宮體及子宮頸三部分。豬之子宮角特別長而彎曲，子宮體短，子宮頸管呈螺旋狀。於動情週期間其大小具變化。

子宮構造外層為漿膜，中層為肌肉層，內層為內膜層。內膜層由上皮細胞構成，其間含子宮腺 (uterine gland) 為管狀腺，其分泌作用受性腺激素調控，分泌液組成子宮乳 (uterine milk)，以提供早期胚及胎發育之需要。子宮為胚與胎發育之場所，受精卵在子宮角著床發育。

（四）陰道 (vagina) 及外生殖器官

陰道之背面接直腸，腹面接膀胱口及尿道，後端接陰戶。在交配時，陰道為公豬陰莖之通路，亦為分娩時胎兒產出之管道。

外生殖器官包括陰戶 (vulva)、 陰蒂 (clitoris)、 雌性尿道 (female urethra)。母豬的陰戶位於肛門下方，由大、小陰唇構成。當母豬發情時，陰戶紅腫而具彈性。陰蒂位於陰戶中央，陰唇之腹連合處，雌性尿道短而粗，位於陰道之下方，前端接膀胱，尿道開口位於陰蒂上方。

三、豬隻之繁殖特性

（一）性成熟年齡

1. 公豬

公豬在接近 3～3.5 月齡時，睪丸之精細管內呈現初級精母細胞 (primary spermatocyte) 與次級精母細胞 (secondary spermatocyte)，4～5 月齡時，睪丸及附睪內可發現精子 (spermatozoon)。4～8 月齡間，睪丸發育迅速。附屬性腺器官及腺體之發育也同時進行。在 5～6 月齡時，可表現初次射精之行為。但用為交配任務之公豬，必須產生足夠量的精子及良好之精液品質，始能確保成功受孕。因此，公豬開始使用之月齡以 7～8 月齡為宜。性成熟公豬之睪丸總重量約為體重之 $\frac{1}{250}$；而附睪之重量約為睪丸之 $\frac{1}{3}$。

2. 母豬

母豬發身 (puberty) 係指第一次發情之月齡隨品種與飼養管理方式而有所差異。母豬約在接近 6 月齡時發身，而進入第一次動情週期 (estrous cycle)。小體型豬種之發身月齡較早，約在 3.5 月齡。

母豬在第一次動情週期時之發情期 (estrus)，卵巢之排卵數較少（約 9～11 個），隨著動情週期之次數增多，而排卵數亦增加至 13～15 個。而母豬子宮之孕育能力在 5.5 月齡左右始呈現全功能性。一般母豬在第三次之動情週期（約 8 月齡左右）始予以配種。過早配種時，排卵數少，導致窩仔豬數減少；同時，母豬體型之發育亦受限制，可能降低其使用之年限，造成利潤之減少。

（二）母豬之發情週期 (Estrous cycle)

母豬在到達發身或性成熟後，未懷孕的母豬或新母豬會有規律性地定期表現發情；母豬表現性接納之行為，僅限於此發情週期內之動情期 (estrus)。

母豬之動情週期各階段，發生之時間長短與其路徑如圖 3–3 所示：

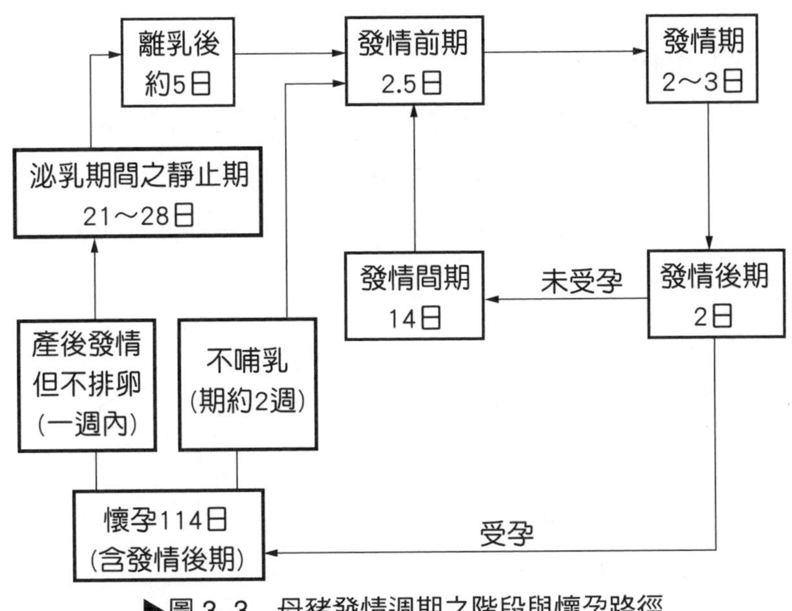

▶圖 3–3　母豬發情週期之階段與懷孕路徑

茲將各階段說明於下。

1. 發情前期 (proestrus)

發情前期持續之時間，平均約 2.5 日（2～4 日），此期可見其外陰部紅腫、陰部之皺紋日漸減少，及至容許公豬駕乘時，其腫脹之程度達到最高，外陰戶流出液狀透明黏液，行為呈現不安定狀態。

2. 發情期 (estrus)

此期持續之時間，平均約為 2～3 日（1～4 日），母豬進入發情期時，食慾減低但頻頻排尿，情緒顯得極為不安靜，覓求公豬之慾望逐漸加強，常在豬舍內常往返徘徊，並發出短而低沉之喉鳴聲，或與其他母豬相互駕乘。當公豬或人接觸（近）時，則靜立不動，若以手掌在其背腰部施加壓力，則耳朵聳立、翹尾，並佇立不動之期待交配姿態，即所謂之駕乘站立反應 (Standing reaction)。外陰部持續充血腫脹呈現紫紅色，黏液趨向黏稠。

3. 發情後期 (metestrus)

此期之持續時間，平均約 2 日（1～4 日）。當母豬進入發情階段之後期時，其興奮之發情行為與陰部紅腫之現象逐漸消失，而恢復至正常狀態；食慾亦漸恢復，隨後即進入發情間期（靜止期）或經配種成功而進入懷孕期。

4. 發情間期 (diestrus)

此期持續之時間，平均約為 14 日，動物陰部之紅腫現象已完全消失，體內助孕素含量高，情緒安靜，食慾逐漸增加。

一般而言，母豬發情週期之長度可因經產與未經產而略有差異，經產母豬之發情週期一般較長，平均約為 22 日，其範圍介於 19～26 日之間；但非經產母豬則較短，平均約為 20.5 日，範圍自 16～30 日不等。整個豬群之發情週期平均為 20.6 日左右。通常，母豬在哺乳期間不發情亦不排卵，但偶見部分母豬在產後五日內表現產後之發情行為但不排卵，此稱為靜默發情 (silent heat)；此行為係受分娩期間體內高濃度動情素之作用，一般不伴隨排卵。又哺乳期 3～4 週之母豬，於離乳後至再呈現發情之間距，平均約為 5 日，範圍介於 2～7 日。

四、懷孕期

若母豬經有效配種，自受精作用完成後，即進入懷孕期。母豬懷孕期平均為 114 日，即三個月三週又三日。

卵母細胞在輸卵管內完成受精作用後稱為受精卵。受精卵隨之進行細胞增生分裂，並逐漸自輸卵管向子宮方向移動。大約在受精後 2～3 日，在四細胞期階段進入子宮角；在受精後 3～4 日，受精卵已形成多細胞團塊，稱為桑葚胚 (morula)。隨後，胚體繼續分裂而於胚中央形成一空腔，稱之為囊胚 (blastocyst)。母豬胚胎著床 (implantation) 發生之時間約為受精後第 18 日。

胎盤開始建立後，母體及胎兒間即藉滲透作用而交換氧氣、二氧化碳；當胎盤形成完整後，可由臍帶之血液循環輸送養分及排出胎兒之廢物。

根據文獻，母豬懷孕期間胚胎之損失率高達排卵數之 40%，而懷孕早期（前三週）損失之胚又佔總損失之 $\frac{2}{3}$。迄今被認為防止早期胚損失的方法之一，是在母畜配種後，熱季應防止母體內或體外產生高溫之熱緊迫。因熱緊迫的結果，將明顯地降低了受胎率和胚之存活率。在日常的飼養管理方面，體內熱緊迫之防患，是在懷孕早期減少攝取之飼料量以及降低飼料中之熱能 ， 同時防止母豬因疾病而引發之高燒。體外熱緊迫之防止仍如種公豬一般，即避免將豬隻飼養於高溫之環境下。在夏季，種公豬與母豬舍增加淋浴或溫度調節設備是值得考慮的重點之一。

五、分娩

當懷孕期終了，母豬經由生殖道將其胎兒及胎盤等附屬物排出母體外的過程，稱為分娩 (parturition)。

在懷孕末期，母豬體內之動情素及鬆弛素 (relaxin) 分泌量增高；增加之鬆弛素使恥骨聯合鬆弛、後軀之韌帶結構弛緩柔軟並舒張，以便容納增長之胎兒。近分娩時，母體卵巢之黃體組織退化，在母體內動情素優勢之生理條件下，子宮肌肉對催產素之反應十分敏感，在鬆弛素作用下子宮頸及陰道舒張。分娩前，子宮有不隨意地反覆收縮，常伴有疼痛，稱為陣痛。陣痛之作用在促使子宮頸張開與使胎兒位置轉換為正常胎位。當子宮之收縮力逐漸增強，將使胎膜破裂；於陣痛最高時，子宮口全開，此刻腹肌及膈肌之劇烈收縮，終將胎兒經子宮頸及陰道而產出體外。隨後，胎衣與胎盤亦被排出而完成分娩過程。母豬分娩所需之時間一般約為 2～4 小時。

六、哺乳

母豬於哺乳期間，卵巢不活動，子宮並逐漸恢復懷孕前之大小（圖 3–4）。乳腺分泌乳汁之作用係受腦下垂體前葉所分泌的生乳素 (prolaction) 所影響。分娩前腦下垂體即分泌生乳素，但其對乳腺的作用仍受高濃度的助孕素所抑制；臨近分娩時，助孕素之分泌減少，故生乳素對乳腺的作用增強，於是開始分泌乳汁。初生動物之吸吮乳頭或人工擠乳之動作，刺激腦下垂體後葉分泌出催產素 (oxytocin)；催產素為刺激肌上皮細胞收縮引起乳腺泡排乳 (milk letdown) 之主要原動力。排乳動作也是刺激乳腺進行分泌活動的重要因素。

初乳因其營養價值高，富含仔豬生長發育必需之養分，包括大量的抗體或免疫球蛋白，對仔豬極為重要。初乳中之成分與常乳不同，其乾物質含量較高，增加之成分主要為蛋白質及維生素群，但乳糖含量卻較少。

仔豬正常生理上的離乳時間，約為 6～8 週；一般為了縮短母豬產仔間距，在不影響仔豬育成率之條件下，採取仔豬於 3～4 週齡時作早期離乳措施，以減低飼養成本，並增加生產胎數。

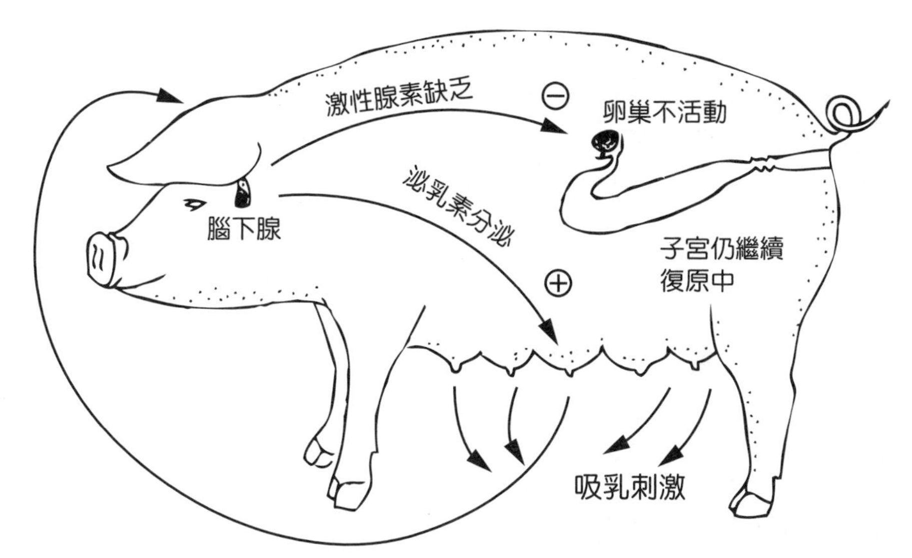

▶圖 3-4　產後母豬內泌素分泌的相關逕路調控圖。顯示在哺乳早期泌乳素大量分泌，相對的激性腺素分泌減少，此與泌乳乏情及子宮未完全復原有關。隨著產後時間加長時，泌乳素與激性腺素的分泌量再相對的消長

（資料來源：黃政齊、林仁壽、季方 (1987)，《家畜的生殖》，華香園出版社，p.101）

七、豬隻之人工授精 (artificial insemination, AI)

所謂人工授精技術，乃是以人為的方法，將採集之公畜精液，依能令母畜受孕之最少精液量及精子數條件 ， 注入發情母畜之生殖道

內，使母畜受孕。這項技術係為達成家畜之育種改良之目的所採取的一種簡便而又有效之技術。豬隻人工授精技術已廣泛地被應用於豬場實務，尤其母豬群在發情同期化之條件下，能於一特定的時間內施行整群人工授精制度，則能兼顧「便利」及「經濟」兩要項。而欲充分利用此項技術以改進豬群之品質，除了技術人員素質之要求外，原則上，種母豬群必須選配優良之種公豬；同時，優良種公豬之精液應被充分的使用及保存。此外，種母豬發情觀察和配種適期判斷的準確性，則關係著仔豬之生產頭數。

（一）應用豬隻人工授精技術之優點

1. 可促進家畜之繁殖與品種改良效率

遺傳上優異的公豬可經由人工授精廣泛的擴散其遺傳上優良之基因，達到快速選育繁殖優良品種之目的。

2. 可減少飼養公豬之成本支出

一般自然交配，一頭公豬一次僅能配種一頭母豬。但應用人工授精時，公豬一次射精之精液量可配種數頭或數十頭之母豬。

3. 可以早期判定遺傳能力

施行人工授精之公畜，能在短期內配種多頭母畜，而獲得多數之子代供作後裔測定，能提早明瞭該公畜之遺傳性能，而決定被繼續充分利用抑或早期淘汰，對於生產及育種工作上均極有益處。

4. 減少疾病的傳播

實施人工授精時，公畜與母畜不直接接觸，對各種皮膚病、外寄生蟲、生殖器疾病以及傳染性疾病等，均可經由獸醫技術人員之控制而防止其蔓延。

5. 可免除家畜移動之煩累

人工授精不需移動家畜，不受距離、交通不便或氣候之影響而可將精液運送至遠處授精。

6. 提高受胎率及產仔頭數

授精所使用之精液在授精前均經過檢查和稀釋保存。不僅添加藥物、緩衝物等處理可抑制細菌或微生物之發育，也可延長精子之生存時間，同時，因經由不同授精策略之輔助，如施行複次授精等，將有助於受胎率之提高及增加產仔頭數。

7. 兼具便利及經濟性

母豬群在發情同期化之條件下，能於一特定的時間內進行多頭母豬的人工授精，兼顧「便利」及「經濟」兩要項。

8. 可應用於不能行自然交配之種畜

凡因公、母畜體型差異太大、年老或後軀受傷、肢蹄損傷，或缺少性慾不能行自然交配者，均可藉人工授精達到繁殖的目的。

9. 供學術上研究應用

可供精子生理、受精現象之研究，試管內受精、雜交品種之生產，以及研究如何達到產仔性能之發育等目的。

進行人工授精可使用新鮮採取的公豬精液或使用經冷凍保存的優良公豬精液。而應用公豬冷凍精液，具有如下之優點：

1. 延長公豬之使用年限

減少受公豬死亡、損傷、採精間隔或失去繁殖能力之限制。

2. 不受時間與空間之限制

精子在冷凍狀態理論上可被永久保存著，不僅具有調節在繁殖作業上精子供需之作用，亦能配合技術人員之作業時間，更能經由國際運輸，到達新鮮液態精液所不能到達的區域。

3. 可購得國外高性能公豬之血緣

冷凍精液取代進口活體公豬，可節省風險、時間與外匯支出。

4. 可健全人工授精之體系

公豬冷凍精液可在其後裔經測定之後或疾病完全受控制之後，方始供應，如此更有助於豬群之防疫作業與育種改良。

（二）採精

1. 經過訓練的公豬，駕乘假母臺並做交配動作時（圖 3–5），採精者在假母臺右側，以假陰道 (artificial vagina) 或手壓法 (gloved-hand technique) 進行精液採集。手壓法採精乃以一手之手指（中指及無名指）握住陰莖前端螺旋部，並加適當壓力，另一手則持容納精液之容器盛接射出之精液。在容器口上方以兩層紗布覆蓋，以便過濾公豬射出精液中之膠體物質。

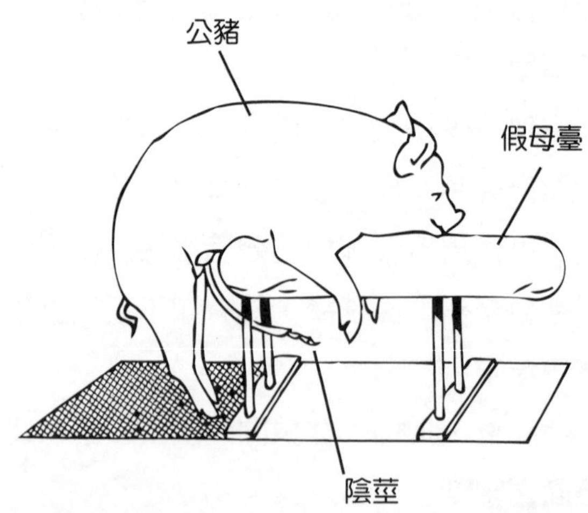

▶圖 3–5　公豬被採精時所使用的假母臺。公豬一旦被訓練駕乘假母臺後，即可順利進行採精工作

（修正自：Hafez, E. S. E. (1987), *Reproduction in Farm Animals 5ed.*, p.483, Lea and Febiger, Philadelphia.）

2.採精時應注意之事項，包括以下 4 項。

⑴誘發公豬之性慾，促使其陰莖勃起並露出。

⑵以戴手套的手握住陰莖前端螺旋部使其陰莖充分勃起。

⑶防止精液被細菌感染並避免日光直接照射。

⑷防止精子因環境溫度之急劇變化，所造成溫度冷休克的損傷。

3.以徒手戴上手套採精的手壓或稱指壓法為最簡單而常用的採精法。

（三）公豬精液之組成特性

成熟公豬一次射精量平均為 250 mL，精子濃度約為 2×10^8 / mL（依公豬品種而異）。精子數及射精量也依配種或採精頻度而異，建議之配種頻度：年輕公豬（8～12 月齡）每週可配種 1～2 次；成熟公豬（12 月齡以上）則每週可配種 3～4 次。

公豬之射精過程歷時約 5～10 分鐘或更長。精液約分為三個階段射出。

1.第一階段

射出量約為總射精量之 5～20%，射出物為水樣液且內含粒狀之凝膠物，此階段之精液中不含精子。

2.第二階段

射出量約為總量之 30～50%，射出物呈白色乳狀液，富含精子。此為精子濃厚部分 (sperm-rich)。

3.第三階段

射出量為總量之 40～60%，射出物只含少量精子，可分為水樣液體和凝膠體兩部分。一般認為凝膠體在自然交配過程可能有助於封閉母豬子宮頸口，阻止精液倒流，但是否有其他作用仍不完全清楚。在人工授精過程，存在之膠體會吸附精子且不利於授精注入之操作，因此，在採精階段都將其以消毒紗布或濾網濾除。

公豬在每一次射精之精液中，尿道球腺、儲精囊和攝護腺等附屬腺體所分泌的分泌液量分別佔總射精量之 19%、25% 和 56%。而公豬精液中所含之化學物質成分有：檸檬酸 (citric acid)、菱角組織胺基硫 (ergothioneine)、肌醇 (inositol)、果糖及無機物，諸如氯、鈉、鉀、鈣、鎂、磷等。而公豬精液之酸鹼值，在甫收集完成之新鮮精液，其 pH 值約為 7.3～7.8，但經一段時間後，因精子分解醣類之作用，造成 pH 值下降而呈中性或微酸性。

（四）精液檢查

1. 肉眼檢查

⑴外觀：精液之顏色隨精子密度而異，精子濃度愈高者顏色愈呈乳白，黏稠性亦愈高；大略可分為稀薄水樣乳白色、稀薄乳白色、濃厚乳白色、濃厚微黃乳白色等。如混入尿液則呈琥珀色，有血液及組織細胞為褐色、暗褐色或紅色，如呈綠色，則可能已汙染有化膿變性等可能性；被汙染的精液均不宜作為授精之用。

⑵精液量：平均為 200～250 mL (50～680 mL)，其中膠樣物約佔 20% (4～48%)。同一個體之精液量，將因採精之方法及採取時條件之不同，而有所差異。

⑶臭味：新鮮精液多無臭，有時帶有公豬特有臭味；混有尿液呈尿臭，經長期不良保存者，汙染細菌分解之產物，呈強烈之腐敗臭。

(4) pH 值：主要受副性腺分泌液之影響。正常精液之 pH 值呈中性或弱鹼性，在 7.0～7.8 之間。新鮮精液之 pH 值與精子濃度呈負相關之關係，pH 值愈低時（呈中性或稍酸性），則精子濃度較高。

(5)黏稠度：濃厚精液黏稠度較高；精子數較少者，其黏稠度較低。

(6)膠體物：為考柏氏腺所分泌，通常為白色半透明或帶灰白色半透明，具黏著性；有一顆顆分離或集成小塊者。公豬經過度採精或公豬不健康者，其膠狀物質多發生凝固不全而成凍膠狀。

2.顯微鏡檢查

顯微鏡檢查精液品質的項目包括下列 4 項。

(1)精子活力 (motility)：精液經稀釋且加溫 (37～38 °C) 後，在光學顯微鏡（200～400 倍）下檢查精子的活動能力。

(2)精子濃度 (concentration)：可應用血球計演算法或光電比色法計算。

(3)精子畸形率 (abnormality)：計算近頭部端原生質滴、頭部異常、尾部曲折等畸形精子之百分率 。 在光學顯微鏡或位相差顯微鏡（400～800 倍）下行之。如果總畸形率超過 20%，可能影響及受精率。

(4)頭帽形狀 (acrosome) 形態：此乃將精子頭帽分辨為受損傷精子及未受損傷精子，頭帽受損之精子，亦常被歸納為畸形或不正常精子。精子頭帽受損程度之分類方法，包括頭帽頂端正常、與受損兩類；受損類包括頭帽頂端損傷、頭帽鬆弛及分解消失等。頭帽部位受損之精子均無法行正常之受精作用，在檢查此項目時，宜以位相差顯微鏡，在 800～1,000 倍數行之（圖 3-6）。

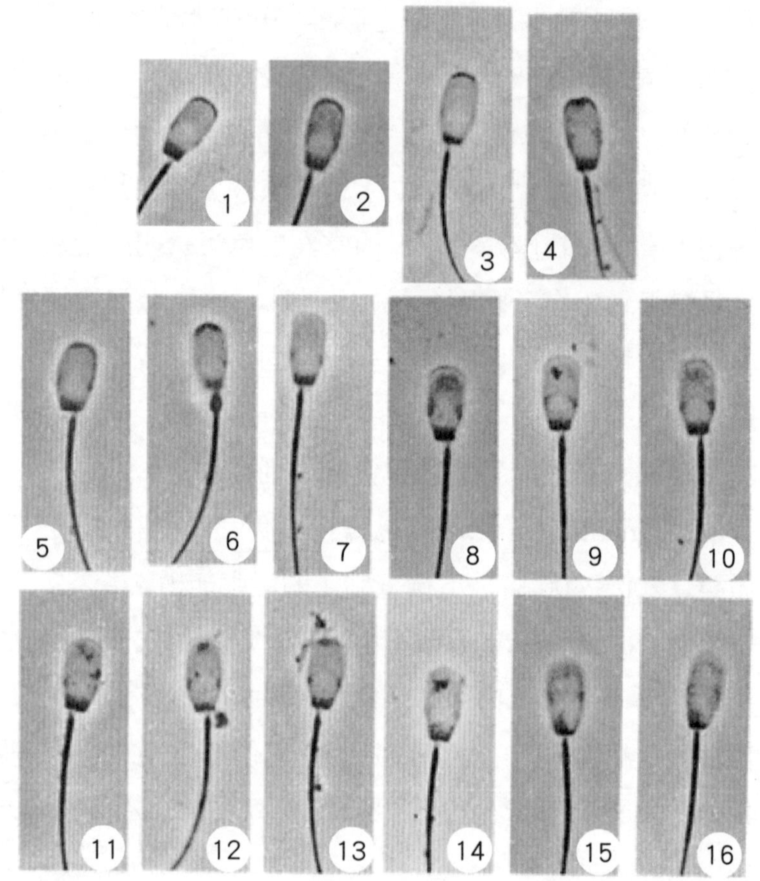

1～2：頭帽完整之精子；3～4：頭帽已部分受損之精子；7～8：頭帽已解體之精子；15～16：頭帽已消失之精子

▶圖 3-6　公豬精子頭帽之形態分類

（資料來源：鄭三寶，《公豬之冷凍精液專輯》，臺灣養豬科學研究所，p.25）

（五）授精前精液之稀釋保存處理

1.稀釋保存液之選用

欲保存新鮮液體精液，必須在保存前將原精液添加稀釋保存液（供精子生存之營養成分），和足以殺滅或抑制細菌或微生物之藥劑

（該藥劑不能危害及精子之存活率和生育能力）。就國內之地域環境而言（郵政及交通均甚便利），若稀釋保存液具有維持 3～5 天精子存活之實效，則將足以被推廣應用。擇用時，宜考慮其實效、經濟因素和製備或取得之難易情況。

2.保存時之環境溫度

公豬精子對於環境溫度之變化頗為敏感，高溫環境下精子之活力增加，但消耗能量速率亦增進，能量耗盡後迅即死亡。因此應盡量避免將之置於高溫之環境下（尤其是高於 20 °C）。最適宜之溫度為 12～15 °C。另外，豬精子亦不耐於溫度之激變（指溫差達 10 °C 以上時）與過低溫之環境（指 10 °C 以下之溫度），因此，在保存時，降溫宜緩慢，防止精子因溫度變化造成休克或死亡。

3.保存時之精子濃度

新鮮液體精液或冷凍精液之保存，較適合於採用「高濃度保存」之方式，唯精液保存時又不能不含有最低量之稀釋保存液，因此，推薦之保存濃度是視原精液之精子濃度而定，簡列於表 3–1。

原精液在稀釋前先靜置於室溫下 2～3 小時，始行稀釋處理，可改善保存效果，稀釋之倍數以 1.5～2 倍為宜。又高濃度保存之精子，宜在配種前再添加等溫稀釋保存液（添加至足夠一次授精之注入量）。

▶表 3–1　精液保存時建議之適當精子濃度

原精液之精子濃度 (mL)	保存時之精子濃度 (mL)
4×10^8 以上	$2.5\sim3.0\times10^8$
3×10^8 以上	$2.5\sim3.0\times10^8$
1.5×10^8 以上	1×10^8
1.5×10^8 以上	0.5×10^8 或將原精液先經濃縮再稀釋至含 2×10^8 精子保存

（資料來源：鄭三寶，《公豬之冷凍精液專輯》，臺灣養豬科學研究所，p.42）

（六）一次授精之注入量和總精子數

人工授精一次注入之新鮮保存之精液（50 mL 或 100 mL）中若含有 30 億 (3×10^9) 具受精能力之正常精子，即能維持良好的受胎率。具受精能力之正常精子，係指正常形態且活的精子而言。當總精子數僅 15 億，注入量為 100 mL 時，尚能維持高受胎率，但注入量為 50 mL 時，則受胎率及胚胎存活率均會降低。

在國內研究之結果顯示，新鮮精液中含有活動力之精子濃度為 12.5×10^6 / mL，若一次授精注入 100 mL 量時（即注入 12.5 億之活精子總數），行重複授精，則受胎率和每窩出生仔豬數均甚滿意。而注入量少之組別 (50 mL)，其受胎率顯著地降低（表 3–2）。

▶表 3–2　不同精子數與授精注入體積量對受精能力之影響

組別	I	II	III	IV
授精注入量 (mL)	50	50	100	100
一次注入活精子總數	50×10^8	25×10^8	25×10^8	12.5×10^8
被授精母豬頭數	16	16	16	16
懷孕頭數	10	12	15	13
分娩率 (%)	62.5	75	93.8	81.3
每窩出生仔豬頭數	8.6±1.0	8.8±0.8	8.6±1.2	9.0±1.3

（資料來源：鄭三寶，《公豬之冷凍精液專輯》，臺灣養豬科學研究所，p.40）

（七）授精技術

洗滌並拭乾母豬之外陰部後，將母豬陰唇以左手拇指、食指扳開，右手持注入器，以斜角 30° 向上傾斜插入陰道中，在注入器進入約 10～15 公分後，轉成水平並稍加反時針旋轉插入，至插入 25～30 公分時，注入器前端會稍有阻力，即達子宮頸口，再稍加壓力反時針旋轉，使之進入子宮頸第 2～3 皺襞位置，此時即可將精液慢慢注入（圖 3–7、3–8）。在全部注入後將注入器緩緩拉出，人工授精過程便完成。注入器宜選用可安全插入子宮頸中，便宜並具有防止精液逆流之裝置（圖 3–9）。注入器在使用後應立即水洗、消毒並乾燥，以確保衛生。

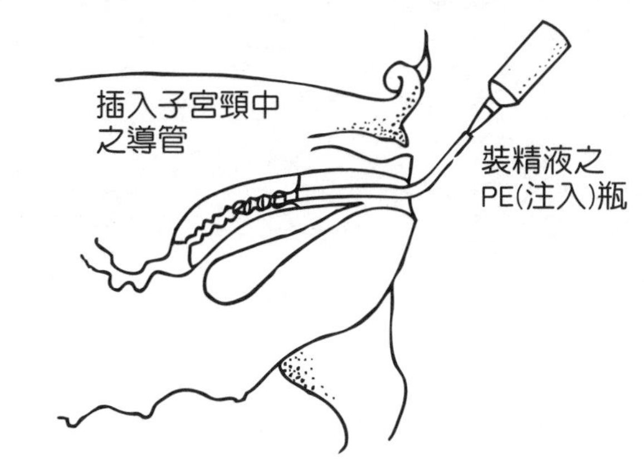

▶圖 3–7　豬的人工授精注入器，使用可彎曲的導管

（資料來源：黃政齊、林仁壽、季方 (1987)，《家畜的生殖》，華香園出版社，p.53）

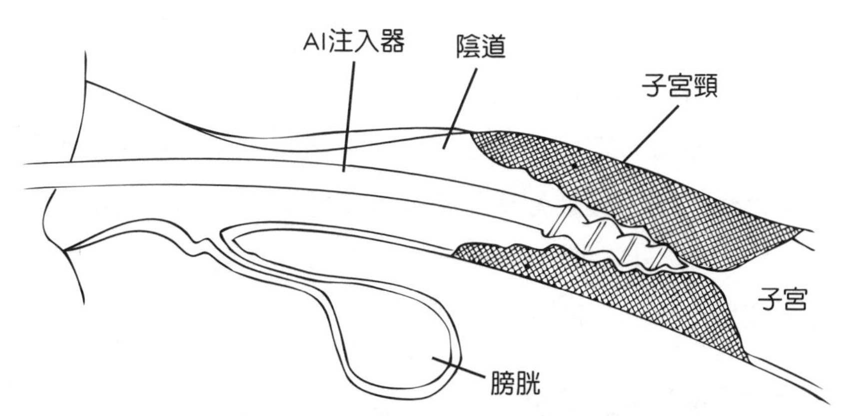

▶圖 3–8　人工陰莖模仿公豬交配時生殖道內之剖視圖。人工陰莖插入子宮頸中，陰莖游離端嵌入子宮頸時，逐漸將注入器內之精液緩慢注入子宮中

（資料來源：黃政齊、林仁壽、季方 (1897)，《家畜的生殖》，華香園出版社，p.58）

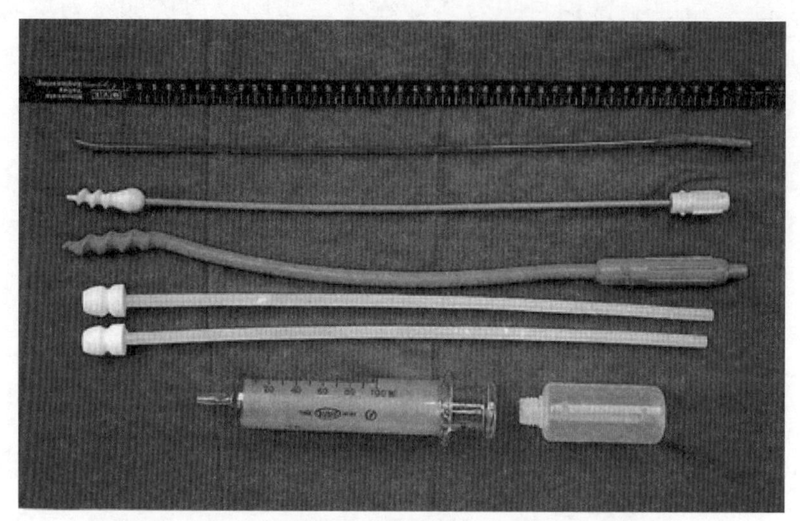

▶圖 3–9　不同型式之公豬精液注入器（授精器）

（資料來源：《畜牧要覽：豬隻人工授精》，中國畜牧學會編印，p.91）

精液被注入時，宜緩慢，所需之時間視母畜表現之穩定性及緊張程度而定，通常約 5～10 分鐘。授精當中，對母豬之外生殖器官施以按摩，背部駕乘，有促進子宮收縮並防止逆流之功效。母豬也會因授精之刺激而有加速排卵現象。

文獻上也曾提出分段注入法，即在第一次授精後隔 5 分鐘再行第二次授精，此法較一次注入者能促進子宮之節律性收縮，加速精子之運行和提高受胎率。複配方式能彌補授精適期在判斷上之誤差，可提高受胎率約 12%，增加產仔豬頭數約 0.3 頭；實用上，複配方式是兩次配種之間採取 12～14 小時之間隔。

（八）公豬冷凍精液之應用

公豬冷凍精液之應用乃是將公豬之精子先予以冷凍保存，於需要時再將之解凍供母豬配種之用。在應用上最大之優點，是不受時間與空間之限制；理論上精子可在冷凍狀態下永久保存著，不僅具有調節在繁殖作業上精子供需之功能，亦能配合技術人員之作業時間，更能經由國際運輸，到達新鮮液態精液所不能到達的區域。

目前商業化公豬冷凍精液之製作程式，簡介如次。

1.冷凍精子之程式

製備冷凍公豬精子，包括：採精【採取精子濃厚部分】，靜置【在室溫下靜置兩小時以增加精子對低溫的抗力】，濃縮【經遠心分離取出上清液】，冷卻稀釋【將濃縮的精子加入不含抗凍保護劑之稀釋液（如 BF-5 或修正後之 PRIT-Y 3 稀釋液）至 5 mL，並將稀釋後的精液，在兩小時內冷卻到 5～8 °C】，冷凍前稀釋【以含有抗凍保護劑（2% 的甘油）之稀釋液稀釋到 10 mL】，冷凍【將這 10 mL 冷卻稀釋的精子，依照 Nagase & Niwa (1964) 所述之方法，以 0.2 mL 的小滴在乾冰 (−79 °C) 上冷凍，並靜置三分鐘】和儲存【移入液態氮 (−196 °C) 中】等程式。解凍時，將每一授精劑量約為 50 粒顆粒（含有 40～60 億的精子），置入解凍液中進行解凍。此種粒狀精液之製作及解凍程式簡列於圖 3–10。另外，德國 Hannover 獸醫大學所發表麥管狀冷凍精液之製作程式如圖 3–11。

▶表 3–3　BF-5 稀釋液的成分

成分	用量
Tes-N-Tris (hydroxymethyl) methyl	–
-2-aminoethane sulfonic acid	1.2 g
Tris (hydroxymethyl) aminomethane	0.2 g
葡萄糖（無水）	3.2 g
蛋黃	20.0 mL
Orvus ES Paste (OEP)	0.5 mL
加蒸餾水溶解至 100 mL	

（資料來源：鄭三寶，《公豬之冷凍精液專輯》，臺灣養豬科學研究所，p.11；摘自：Pursel & Johnson, 1975）

▶表 3-4　修正後之 PRIT-Y 3 稀釋液成分

脫脂奶粉	6.1 g
葡萄糖（無水）	3.28 g
蛋黃	20.0 mL
OEP	0.5 mL
先將脫脂奶粉及葡萄糖加蒸餾水溶解至 80 mL，經加溫至 95 °C 10 分鐘，冷卻後，再混合蛋黃、OEP	
製備後之修正之 PRIT-Y 3 液，再以 12,000 g 遠心分離 10 分鐘，上清液傾倒於另一容器內備用或冷凍保存	

（資料來源：鄭三寶，《公豬之冷凍精液專輯》，臺灣養豬科學研究所，p.11）

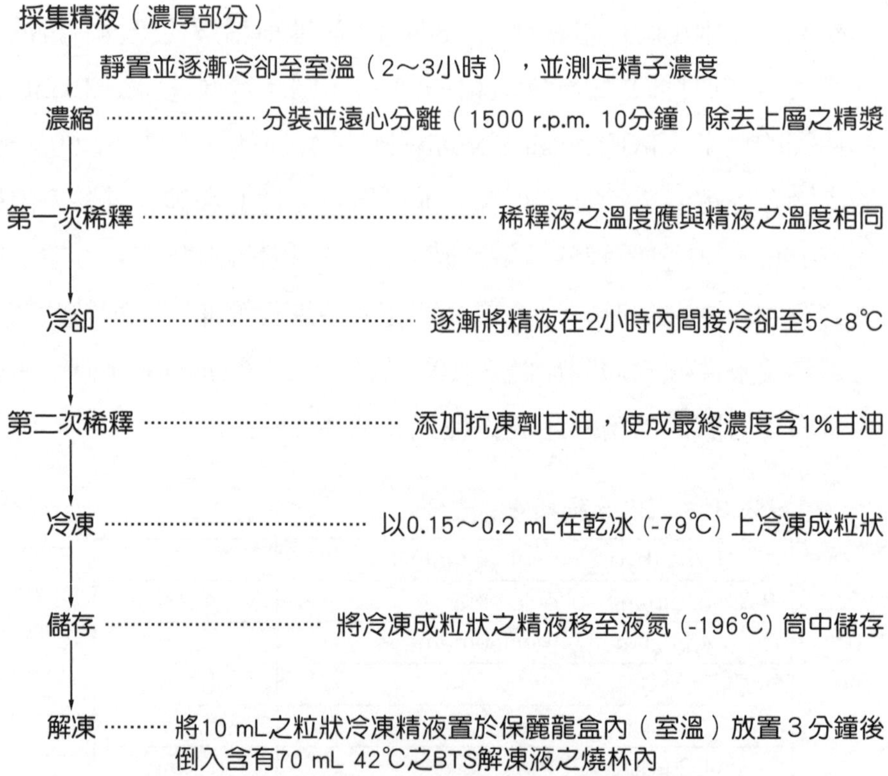

採集精液（濃厚部分）
↓　靜置並逐漸冷卻至室溫（2～3小時），並測定精子濃度
濃縮 ……… 分裝並遠心分離（1500 r.p.m. 10分鐘）除去上層之精漿
↓
第一次稀釋 ……… 稀釋液之溫度應與精液之溫度相同
↓
冷卻 ……… 逐漸將精液在2小時內間接冷卻至5～8℃
↓
第二次稀釋 ……… 添加抗凍劑甘油，使成最終濃度含1%甘油
↓
冷凍 ……… 以0.15～0.2 mL在乾冰（-79℃）上冷凍成粒狀
↓
儲存 ……… 將冷凍成粒狀之精液移至液氮（-196℃）筒中儲存
↓
解凍 ……… 將10 mL之粒狀冷凍精液置於保麗龍盒內（室溫）放置 3 分鐘後倒入含有70 mL 42℃之BTS解凍液之燒杯內

▶圖 3-10　粒狀冷凍公豬精液備製及解凍流程圖

（資料來源：鄭三寶，《公豬之冷凍精液專輯》，臺灣養豬科學研究所，pp.11～12）

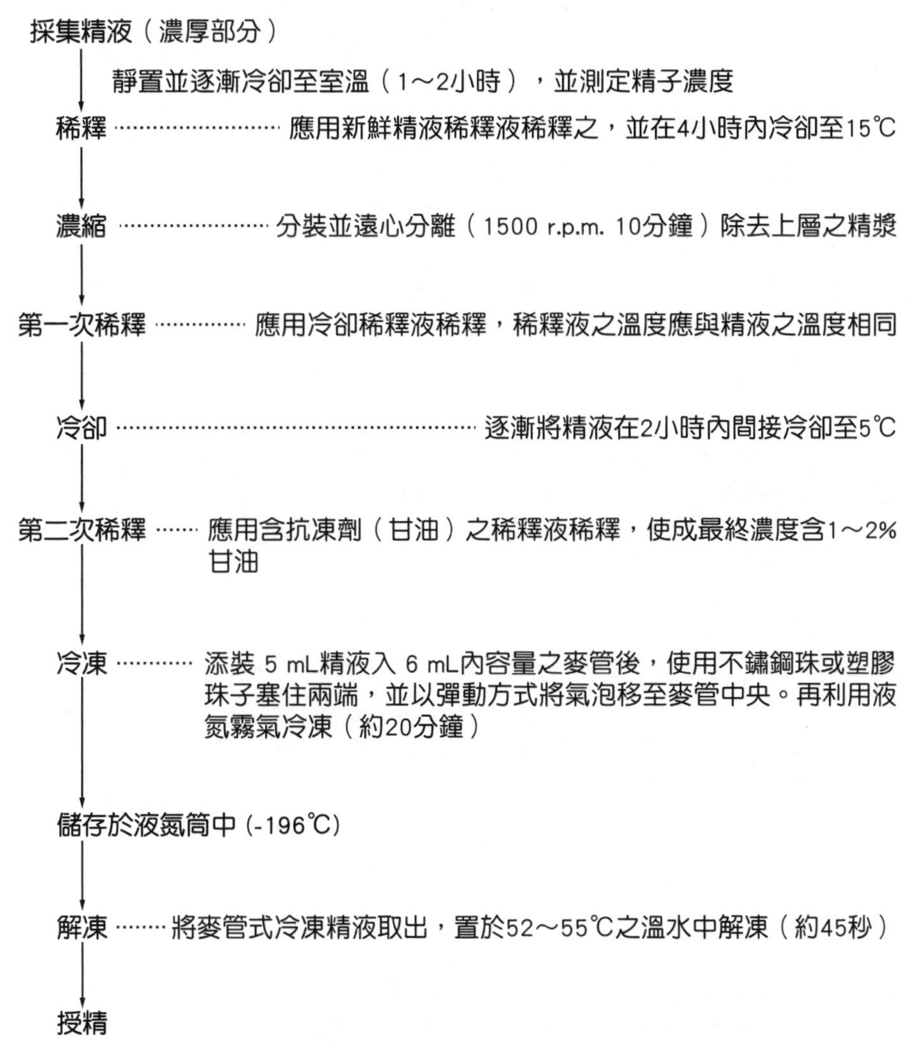

▶圖 3–11　麥管式冷凍公豬精液備製及解凍方法流程圖

（資料來源：鄭三寶，《公豬之冷凍精液專輯》，p.16；郭有海、蔣榮章，《豬隻人工授精技術手冊》，臺灣養豬科學研究所，p.12）

製備麥管式公豬冷凍精液所需稀釋保存液及解凍液之主要成分，示於表 3–5、表 3–6 與表 3–7。

▶表 3–5　公豬新鮮精液稀釋液及解凍稀釋液之主要成分

組成分	新鮮精液稀釋液	解凍稀釋液
葡萄糖，g	25.00	35.000
檸檬酸三鈉，g	6.90	3.703
碳酸氫鈉，g	1.00	1.201
檸檬酸，g	2.00	–
EDTA，g	2.25	3.702
氯化鉀，g	–	0.350
Tris，g	5.65	–
BSA，g	3.00	–
Cysteine，g	0.05	–
Penicillin，g	0.50	0.500
Streptomycin，g	0.50	0.500
去離子蒸餾水加至 1 公升		

（資料來源：郭有海、蔣榮章 (1993)，《豬隻人工授精技術手冊》，臺灣養豬科學研究所，pp.19～20）

▶表 3–6　冷卻用及含抗凍劑（甘油）冷凍用稀釋液之主要成分

組成分	冷卻用稀釋液（毫升）	冷凍用稀釋液（毫升）
11% 乳糖液 (lactose solution)	80.0	80.0
蛋黃 (Egg yolk)	20.0	20.0
甘油 (Glycerin)	–	7.2
Orvus-Es-Paste (OEP)	–	1.6

（資料來源：郭有海、蔣榮章 (1993)，《豬隻人工授精技術手冊》，臺灣養豬科學研究所，pp.19～20）

▶表 3–7　KIEV 稀釋保存液和貝茨維爾解凍液 (BTS) 之成分

稀釋液	KIEV	BTS
葡萄糖（無水），g	6.00	3.700
檸檬酸鈉（兩個結晶水），g	0.37	0.600
碳酸氫鈉，g	0.12	0.125
EDTA，g	0.37	0.125
氯化鉀，g	–	0.075
加蒸餾水或滅菌水溶解至 100 mL，另加適量之抗生素		

（資料來源：《畜牧要覽：豬隻人工授精》，中國畜牧學會，p.79；鄭三寶，《公豬之冷凍精液專輯》，臺灣養豬科學研究所，p.17；摘自：Pursel & Johnson, 1975）

2. 冷凍精液解凍程序

雖然冷凍保存公豬精液之程式，一般在人工授精站或研究中心行之；然而解凍之程序，則可由人工授精師或畜主自己操作。

經冷凍保存的粒狀精液，一般在預先準備的解凍液 (BTS) 中解凍。BTS 解凍液隨冷凍精液供應或畜主自行配製，並冷凍保存。解凍精子時所需之設備，在使用前必須清潔消毒過。其解凍程序如圖 3–12 所示，而麥管式凍結精液之解凍程式如圖 3–13 所示。

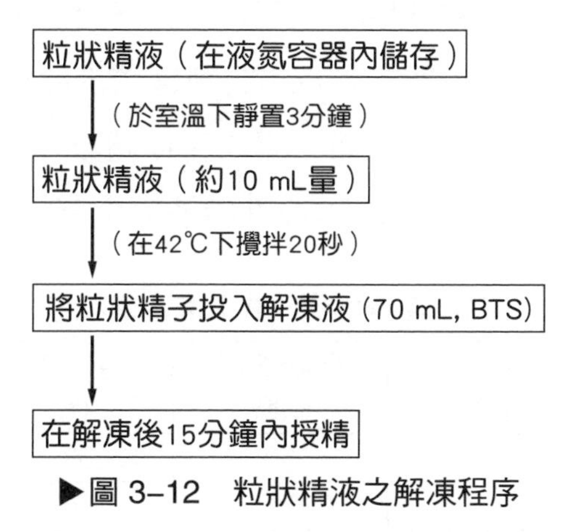

▶圖 3–12　粒狀精液之解凍程序

（摘自：鄭三寶，《公豬之冷凍精液專輯》，臺灣養豬科學研究所，p.18）

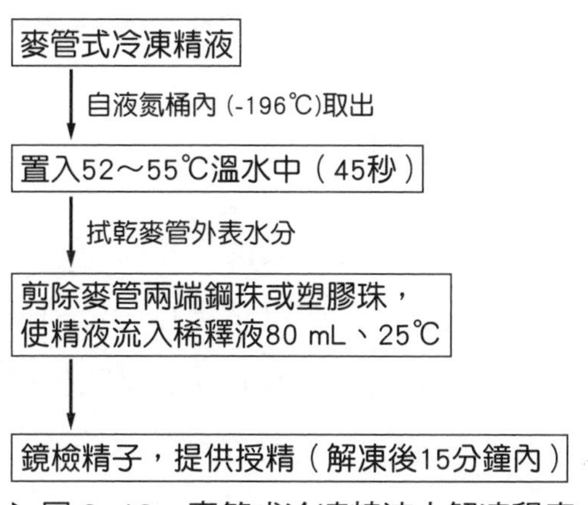

▶圖 3–13　麥管式冷凍精液之解凍程序

（摘自：郭有海、蔣榮章，《豬隻人工授精技術手冊》，臺灣養豬科學研究所，pp.17～18）

3.冷凍公豬精子面臨之問題

使用冷凍保存之公豬精液授精，母豬之受胎率和平均每窩出生仔豬頭數仍不如應用新鮮液體精液授精者。其主要的原因包括：(1)公豬精子耐凍能力差，不如牛精子；(2)公豬個體間其精子之耐凍能力差異性頗大；(3)於冷凍及解凍過程中可能損失大半有效精子；(4)解凍後之精子於母畜生殖道內之存活時間短；因此，在應用上，使用冷凍精液一次授精注入之總精子數通常為新鮮精液所需總精子數之 2 倍以上，且在配種適期上之要求，更高於應用新鮮精液者。

綜合國內各地研究報告顯示，目前應用冷凍精液以複次授精方式，其受胎率介於 30～70% 間，平均產仔頭數介於 7～10 頭。臺灣地區於 1993 年推廣麥管式公豬冷凍精液之生育能力，示於表 3–8。

▶表 3–8　臺灣地區於 1993 年推廣麥管式公豬冷凍精液之生育能力

品種別	授精母豬頭數	受胎母豬頭數	受胎率 (%)	平均窩仔數
藍瑞斯	93	50	53.8	7.7
杜洛克	67	39	56.7	8.1
約克夏	45	14	31.1	7.9
合計	205	103	50.2	7.9

（資料來源：郭有海、蔣榮章，《公豬冷凍精液，1993 年工作報告暨推廣目錄》，臺灣養豬科學研究所）

（九）母豬之配種或授精適期

如令公母豬有接觸之機會時，發情母豬時常被發現會趨向公豬，並常保持於接近公豬之環境；有些母豬更在發情前期即主動地追求公豬。Signoret (1967) 在 T 型迷宮 (T-maze) 之試驗指出，在發情期和發情前期之母豬對公豬具有強烈之傾向力。合理的解釋是，發情母豬之感官接受公豬雄性費洛蒙 (pheromone) 之刺激（包括公豬之氣味、聲音、形象或視覺等），而趨向公豬，此時公豬被接近之發情母豬（包括外陰的精液及尿液）所引誘，而引起對母豬產生配種慾望、駕乘及配種動作等之性行為（如圖 3–14）。概言之，母豬只在其動情週期中之發情期之短暫時間內，表現站立穩定反應，以容許公豬之駕乘與配種，這種容許公豬駕乘與配種之發情站立反應，即被用為判定母豬發情與授精適期之指標。

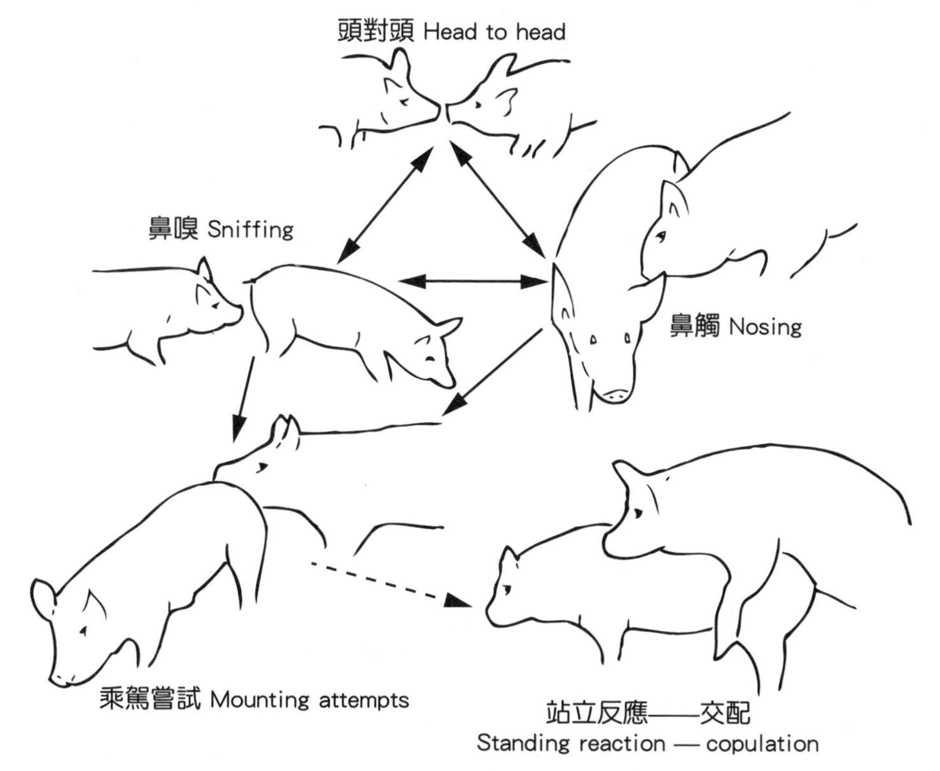

▶圖 3–14　公豬與母豬交配前常見之行為模式

（資料來源：鄭三寶，《公豬之冷凍精液專輯》，臺灣養豬科學研究所，p.19；摘自：Signoret, 1970）

母豬發情持續的時間，約為 50～60 小時 (Signoret, 1967)，夏季母豬發情之時間較冬季略短 6 小時。排卵 (ovulation) 之時機是在母豬發情開始 (onset of estrus) 或容許公豬駕乘之站立反應後之第 36～42 小時或體內黃體刺激素 (LH) 之第 40～42 小時間發生，持續時間平均約 4 小時（圖 3–15）。Dziuk (1975) 指出，在母豬排卵前 8～16 小時間配種，可獲得最高的產仔豬頭數；而窩仔豬頭數與受胎率之間，具有正相關性。另外精子在受精 (fertilization) 時，需經歷子宮腔內之獲能作用 (capacitation)，以及自母豬生殖道中由射精地點（子宮頸口），被運送到達受精地點（輸卵管上端）之時間，約需 2～6 小時。由此推測，最佳之配種或授精時間，應是在發情開始後之第 28～36 小時之間。

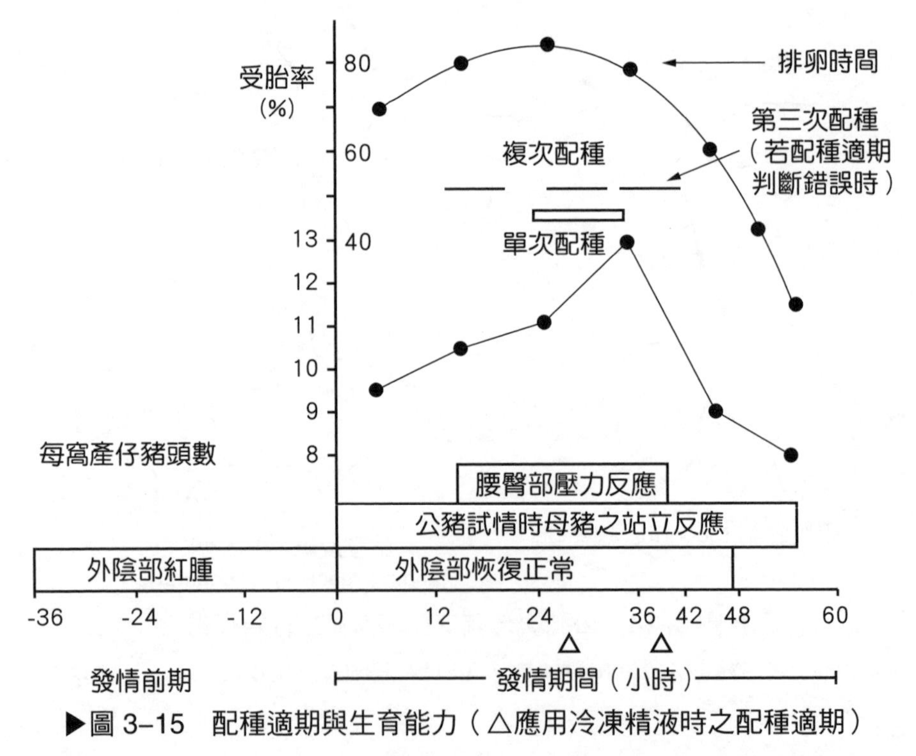

▶圖 3–15 配種適期與生育能力（△應用冷凍精液時之配種適期）

（資料來源：鄭三寶 (1982)，《公豬之冷凍精液專輯》，p.20）

公豬精子在母豬生殖道內，可保存受精能力之時間約為 24 小時，而卵子於排出後能維持正常受精能力之時間，則少於 8 小時。顯然精子維持正常受精能力之時間較卵子為長。唯母豬發情開始的時間，大部分是集中於傍晚、深夜和凌晨之時段；在管理上，不容易即時發現發情開始之真正時間。因此，採取複次配種或授精之方式，可彌補這種觀察發情時段之實際差異，以提高受胎率及出生仔豬之頭數。

複次配種之時間預估，一般於觀察到母豬發情之當天下午，進行第一次配種，間隔 12～16 小時後或於次日上午，再行第二次配種。若過早配種或只單次配種，可能會影響受精率而減少仔豬出生之頭數。

一般而言，解凍後之精子，在子宮內之存活時間約 10～12 小時，僅為新鮮精子之一半；因此，以冷凍精液授精時，宜選擇愈靠近排卵之時機，一般採取在觀察到發情開始後 28～30 小時行第一次授精（女豬約略提前四小時），並在第一次授精後之 6～12 小時行第二次授精。

母豬發情時站立反應之穩定性（指容許公豬駕乘之狀況）視其感官接受公豬刺激所產生之反應狀況而定 （表 3–9）。Signoret et al. (1971) 曾對發情母豬穩定站立與尚未穩定站立反應者，分別比較其經授精後之懷孕率 。 呈穩定站立反應母豬之受胎率顯著比不穩定者高 20%（表 3–10）。

▶表 3-9　發情母豬反應公豬刺激呈現站立反應所經由之神經傳導途徑

發情母豬被施行站立騎乘試驗時之情況	公豬刺激之路徑	發情母豬呈站立（配種）反應之頭數	
		頭數	%
1. 發情開始後 24～36 小時（公豬未在現場）	無	446	59
2. 母豬可聽到自錄音機播出之公豬叫聲	聽覺	537	71
3. 母豬可嗅到公豬尿之氣味	嗅覺	613	81
4. 母豬可聽到公豬叫聲及嗅到公豬尿氣味	聽覺、嗅覺	681	90
5. 母豬與公豬間僅用鐵絲網隔開（可看見公豬）	聽覺、嗅覺、視覺	732	97
6. 容許母豬與公豬直接接觸	聽覺、嗅覺、視覺、觸覺	757	100

（資料來源：《畜牧要覽：豬隻人工授精》，中國畜牧學會編印，p.45；改寫自：Signoret & du Mesnil du Buisson, 1961）

▶表 3-10　觀察發情方式和發情母豬之站立穩定反應與其受胎率之關係（採人工授精）

試驗組別	公豬味之刺激	母豬發情站立反應判斷	測試母豬頭數	受胎率 (%)
A.	無	站立穩定母豬	1,807	69.4
		站立未穩定母豬	541	46.4
B.	無	人為觀察		
		站立穩定母豬	1,907	67.3
		站立未穩定母豬	497	–
C.*	有	公豬味之刺激		
		站立穩定母豬	370	65.9
		站立未穩定母豬	127	44.1

* 母豬群係來自 B 組試驗之站立未穩定之母豬群

（資料來源：鄭三寶，《公豬之冷凍精液專輯》，臺灣養豬科學研究所，p.21；改寫自：Signoret & Bariteau, 1975）

（十）授精人員之技術與情緒

在整個人工授精技術中，人為處理步驟扮演了極重要之角色。授精技術人員之技術及情緒之穩定性，將影響執行授精之工作成效。例如，當授精技術人員過度疲勞，或因其他因素造成情緒不穩定時，可能將授精作業草率收場。因此，授精執行者本身應盡量本著敬業精神，隨時維持優良之工作情緒，而有關之主管人員也應多給予關心。盡可能減少授精執行人員心理上之緊迫與顧慮。

（十一）優良種公豬之重要性與其選拔方法

1.種公豬之地位及取得

在子代遺傳中公畜與母畜之影響性各佔一半，然而一頭公豬在牠一生中可與很多頭母豬配種，生產之子代多於母豬；因此，公豬對畜群的重要性高於母豬。優良種公豬若能充分利用，所得的利益極為顯著，應用人工授精技術時，其效率更是以自然配種者之數倍。

優良種公豬之取得，最有效的方法乃是利用指數選種法，此法兼顧性能的遺傳率、性能之間的遺傳相關和環境影響相關，以及性能在經濟上的重要性。將所需要的重要性能合併於一計算之公式求取指數後，再比較並選留優良種豬。公豬之指數愈高者，意指該公豬在參與檢定項目中之性能愈佳。計算指數之公式亦常因市場需要及環境之不同而變更。

國內目前所採用之指數公式為：

$$指數 = 100 + 60(ADG - \overline{ADG}) - 40(FE - \overline{FE}) - 45(BF - \overline{BF})$$

ADG：檢定期間的平均隻日增重。

$\overline{ADG}$：同批所有參加檢定豬隻的平均隻日增重平均值。

FE：檢定期間的飼料利用效率。

$\overline{FE}$：同批所有參加檢定豬隻的飼料利用效率平均值。

BF：修正至 110 公斤體重時的平均背脂厚度。

$\overline{BF}$：同批所有參加檢定豬隻的修正後平均背脂厚度的平均值。

2. 運用優良種公豬所能改進後代品質之效果

選擇優良種公豬對於豬隻改進之效益可預估如表 3–11。

設若應用一頭優良種公豬（假定其指數為 141）之結果，所可能獲取之經濟利益如表 3–12 所估計。

⑴每出售一頭肉豬可增加之經濟利益為：102.3 元 +135 元 +22.6 元 =259.9 元。

⑵一頭優良種公豬應用人工授精技術配種可年產肉豬之頭數（以每週採精二次 × 配上 4 頭母豬 × 每母豬育成 9 頭 × 一年 52 週計算）：3,744 頭。

⑶該優良種公豬每年為豬場之增益額（元）為：259.9 元／頭 ×3,744 頭 =973,065.6 元。

唯應注意的，若擇用之種公豬之性能與原有種母豬群之平均值愈接近，則所能獲取之利益愈少，因此使用高性能指數之種公豬乃是獲益所必須的。

▶表 3–11　擇用優良公豬對豬群改進效益之預估

	飼料效率	隻日增重	背脂厚度
性能遺傳率	0.3	0.3	0.5
優良種公豬之性能	2.0	0.85 公斤	2.0 公分
原有母豬群之平均性能	3.0	0.7 公斤	3.0 公分
種公豬之優異值 (A)	–1.0	0.15 公斤	–1.0 公分
公豬對子代之影響【(A 值)× 50%】(B)	–0.5	0.075 公斤	–0.5 公分
預期改進值【(B 值)×(遺傳率)】(C)	–0.15	0.0225 公斤	–0.25 公分
後裔可能之性能【(原有畜群之平均值)+(C 值)】	2.85	0.7225 公斤	2.75 公分
一世代改進之百分率【|C 值|÷(原有畜群平均值)× 100%】	5.0%	3.21%	8.3%

(資料來源:《養豬手冊》,臺灣養豬科學研究所編印,p.2)

▶表 3–12　應用高指數種公豬所能獲取之經濟利益估計

	飼料效率	隻日增重	背脂厚度
指數 141 的優良種公豬 A	2.12	1.00 公斤	2.02 公分
指數 97 的種公豬 B	2.74	0.82 公斤	2.21 公分
種公豬之優異值 (A)	0.62	0.18 公斤	0.19 公分
由表 3–11 預估法可預期之改進值	0.093	0.027 公斤	0.0475 公分
根據市價每 100 公斤生體重可增加之經濟利益 *	11 元/公斤 × 0.093 × 100 公斤 = 102.3 元	50 元/公斤 × 0.027 × 100 公斤 = 135 元	475 元 × 0.0475 = 22.6 元

*** 計算依據:係依市價飼料 11 元/公斤,豬肉 50 元/公斤,背脂每降低 1 公分預估可多賣 475 元之條件估計。**

(資料來源:《養豬手冊》,臺灣養豬科學研究所編印,p.2)

八、母豬之妊娠(懷孕)診斷

母豬之妊娠診斷的主要目的,乃在辨別經自然配種或人工授精後之母豬是否懷孕,進而預測未孕母豬重返發情的時機,以密切管理和掌握配種適期，並使之能儘早再接受配種。而已確定懷孕之母豬，則可適期的納入懷孕期的飼養管理。在集約化生產管理制度下，母豬若增加空胎期之期間，將造成經濟上的重大損失。Hunter (1982) 認為，懷孕診斷應具備準確、經濟、容易和快速而不複雜之特性（表 3–13），始能直接應用於現場。簡而易行同時應用最廣的妊娠診斷方法是發情觀察，配種後的母畜經確認不再回復發情即可初步認定為懷孕。

▶表 3–13　家畜懷孕的診斷要求

A	正確
B	早期
I	便宜
O	只需要診斷一次
U	不複雜（容易）

（資料來源：黃政齊、林仁壽、季方 (1987)，《家畜的生殖》，華香園出版社，p.143）

唯較為可靠的方法，應確定母豬之子宮內是否有懷孕物，可由下列各種方法來加以判斷：

⑴物理性的測定：直接判斷胚胎之存在，如觸診與超音波掃描胎兒之存在與否。

⑵檢查卵巢的狀況，並測定體液之激素：測定血液或乳汁中之助孕素。

⑶組織學上之測定：胚及卵巢對其鄰近組織如陰道上皮細胞所造成的影響來判斷。

⑷胚或胎盤的分泌物之化學測定或免疫測定。

（一）觸診

即指經由腸壁觸診胎兒及胎膜存在的一種方法，唯不容易利用觸診來檢查母豬之懷孕，在母豬懷孕 45 天之後，或可經由直腸壁來觸診擴張的子宮動脈，指壓脈動時，有震顫 (fremitus) 的感覺。

（二）超音波掃描

超音波掃描乃是利用掃描探棒傳送及接收超音波束，直接檢視子宮內胎兒存在與否的方法。

其原理是判別投射之超音波或音波經由胎兒之組織所反射回的訊號，即所謂的都卜勒現象 (Doppler Phenomenon)。探棒用在腹部時，可反射回由胎兒心臟的跳動、臍帶的血流或胎囊中的液體流動聲音，再直接由聲音或轉換成螢幕圖像（圖 3–16）。豬隻可在懷孕後一個月使用此法偵測其懷孕狀態。其缺點是設備較為昂貴。

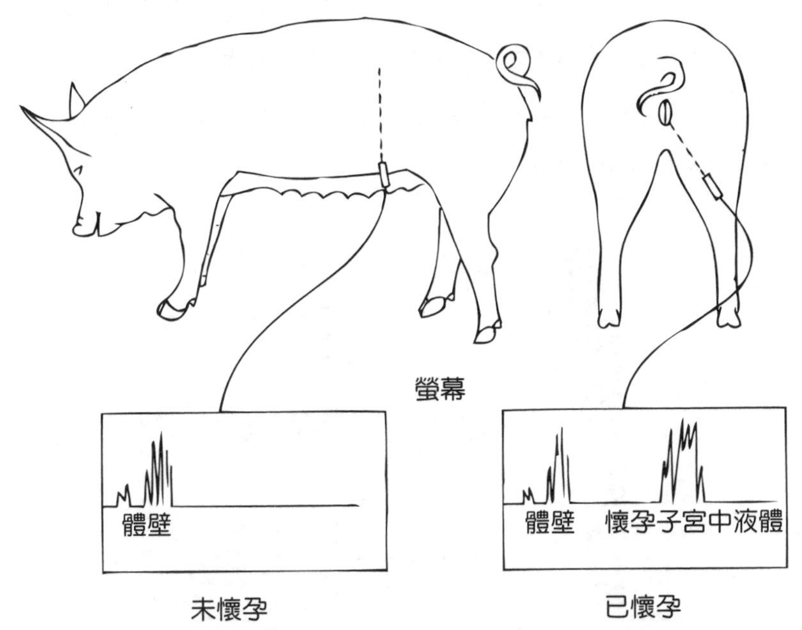

▶圖 3–16　豬以超音波掃描作懷孕診斷，由懷孕的子宮傳回的超音波型式可由螢幕上顯示出來

（資料來源：黃政齊、林仁壽、季方 (1987)，《家畜的生殖》，華香園出版社，p.147）

（三）陰道組織檢查法

應用組織取樣器刮取出陰道上皮細胞，經固定、染色及顯微鏡檢查後作診斷的依據。懷孕母豬的陰道上皮細胞之層數，較未孕者顯著減少（圖 3–17），可應用於配種後 20～30 天之間的母豬。缺點是需要組織切片專業技術與判定經驗。

（四）體液之化學測定：血液或乳汁中之助孕素測定

母豬卵巢濾泡排卵後形成之黃體組織所分泌的助孕素為維持懷孕所必需，助孕素廣布於體組織、血液與乳汁。因此，應用放射免疫分析法或酵素免疫分析法測定血中或乳中助孕素之含量，能作為早期懷孕診斷的依據。測定配種後 17～22 天母豬血中所含之助孕素濃度，若低於 2 ng/mL 即表示未孕，其正確率可達 100%，若高於 6 ng/mL 表示有孕，其正確率約為 92%。

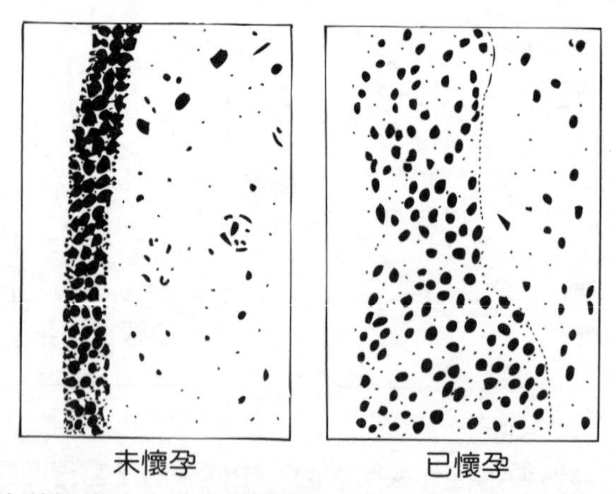

▶圖 3–17　以陰道組織之上皮細胞層數之檢查作為懷孕診斷。圖示未懷孕豬隻具有多層的陰道上皮細胞層，而懷孕豬則僅具 2 或 3 層。排列較為鬆散的上皮細胞組織

（資料來源：黃政齊、林仁壽、季方 (1987)，《家畜的生殖》，華香園出版社，p.148）

九、誘發母豬分娩

豬的懷孕期平均約 114～115 天（圖 3–18），在集約化經營的制度下，有效的誘發分娩處理，有助於充分利用技術、勞力及畜舍設備，必要時可使母豬間交叉哺育不同窩仔豬得以進行，對於現場實際之應用極具價值。

由於母豬之整個懷孕期都須依賴卵巢上黃體組織所分泌的助孕素來維持，而懷孕母豬之黃體，可藉著一次注射前列腺素 ($PGF_{2\alpha}$) 之處理，迅速解體並退化，因而能引發分娩仔豬。應用前列腺素時，應有母豬正確的配種記錄；理因分娩的時間僅能提早 1 或 2 天，過早處理會使分娩的活仔數降低。處理之方式，先計算母豬群的平均懷孕期長

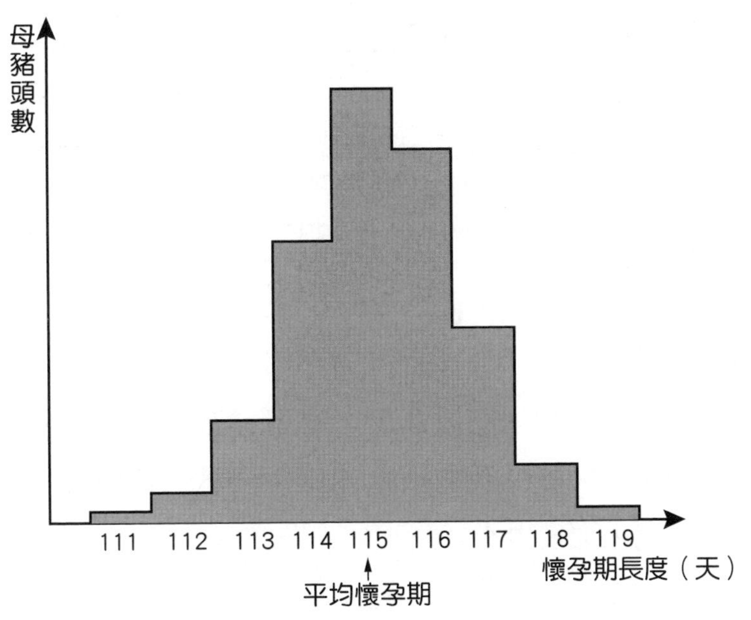

▶圖 3–18　母豬懷孕期長度的分布，平均接近於 114～115 天

（資料來源：黃政齊、林仁壽、季方 (1987)，《家畜的生殖》，華香園出版社，p.152）

度，再將個別母豬在預定分娩日的前兩天，肌肉注射一劑前列腺素；大約 74% 的母豬在注射處理後 24 ± 6 小時可開始分娩（圖 3–19）。

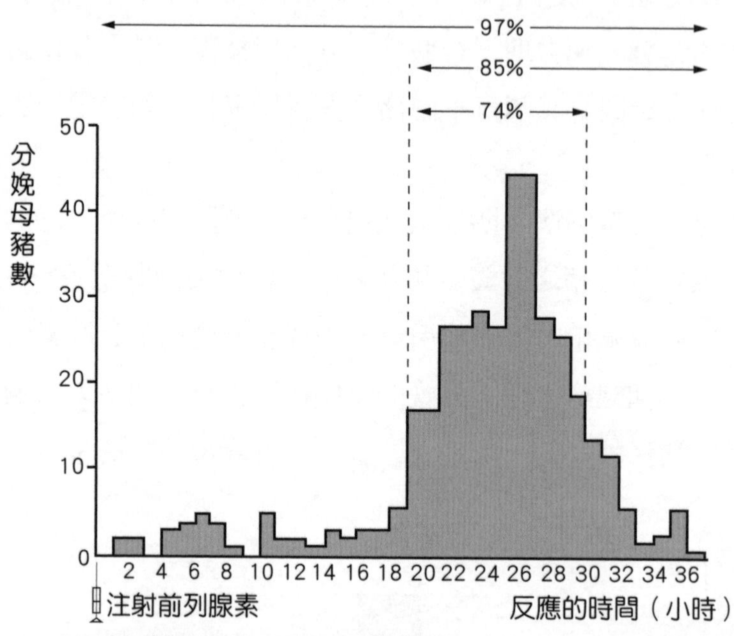

▶圖 3–19　前列腺素處理後，誘發母豬分娩的時間分布。在母豬自然分娩前注射，可以準確地控制分娩的時間

（資料來源：黃政齊、林仁壽、季方 (1987)，《家畜的生殖》，華香園出版社，p.154）

十、配種方式

在選育家畜所應用之配種方式，依品種血緣間之親密或疏遠關係，可概分為純種配種和雜種配種；這兩種方式，各具有其特色，應用時可依實際需要而擇用。

（一）純種配種 (Pure breeding)

指同一品種間之配種。育種者用為選留種畜或生產雜交用種豬時採用。

1. 近親配種 (Inbreeding)

在同一品種間，以血緣關係接近的交配繁殖方法，一般較多使用於育成純品系或純品種 。 在商業豬群中應儘量避免此種繁殖方法，以免顯現不良之隱性因素。

2. 系統配種 (System breeding)

指屬於同品種或同系統上近親度不高的公母互相配種之方法。此種繁殖方法廣被用為固定保持純品種特徵、能力及形質。其弊害比近親配種為少。

3. 品系配種 (line breeding)

專指在同一品種內，把血緣關係遠離，屬兩不同品系間之種公母畜交配繁殖之方法，亦即在品種內之品系雜交。

（二）雜種配種 (cross breeding)

交配之公與母畜屬於不同品種之繁殖法，其所產生的雜交子代能表現雜交優勢 (heterosis)，可將親代雙方之優點集中於子代。子代雜結合百分率愈高者其雜交優勢愈強。

1. 級進配種 (grading-up breeding)

本法可應用於以外來優良品種之種公豬來改進土種母豬者。經歷數代後，後裔之雜結合子漸少，且其遺傳特性幾乎與引進公豬者類似。

例如：T（桃園種）♀×L（藍瑞斯）♂

→TL♀×L♂

→TLL♀×L♂

→……

2.不同品種之雜交（單雜交）方式

如：(1) L♀×Y♂　(2) L♀×D♂

↓　↓

LY　DY

如為 L♀×Y♂→LY 方式，其雜交子代即含有 $\frac{1}{2}$ 約克夏和 $\frac{1}{2}$ 藍瑞斯的血統，所得之雜結合的百分比為 100%，為豬雜交生產中常用的制度之一。

3.二品種輪迴雜交

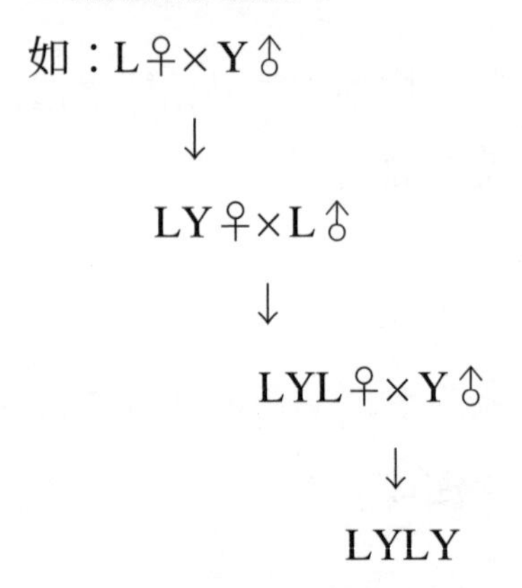

此制度在第一次雜交之後，選留之母豬及其仔豬均為雜交種，其後代具有雜交優勢之雜結合百分比為 67%；但如利用雜交公豬做輪迴配種時，其雜結合百分比僅 50%，本方式優點在於能自行選留母豬，但雜交優勢產生的結果不佳。

即：LY♀×LY♂

↓

LYLY♀×LY♂

↓

LYLYLY

4.三品種雜交

如：L♀×Y♂

↓

LY♀×D♂

↓

LYD

此方式雜交的結果，母豬為一代雜交種而仔豬為三品種雜交種，兩者均具有雜交優勢，其雜結合百分比為100%，亦為豬隻常用之雜交生產方式。

5.三品種輪迴雜交

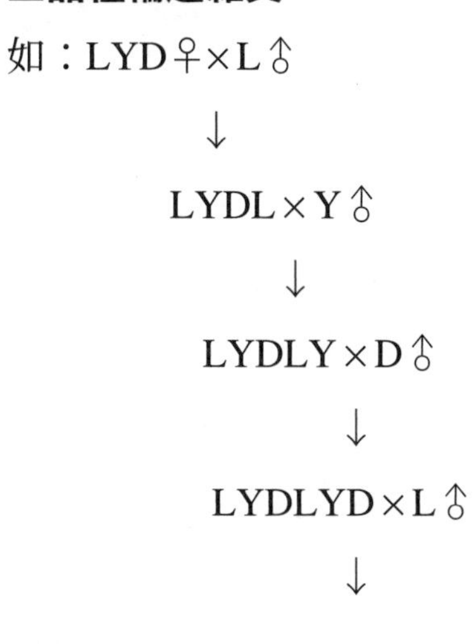

如：LYD♀×L♂

↓

LYDL×Y♂

↓

LYDLY×D♂

↓

LYDLYD×L♂

↓

……

此方式所產生之雜交母豬及仔豬均為三品種雜交種，後代具有雜交優勢之雜結合百分比均為 86%。

6. 四品種雙雜交

如：LY♀×HD♂

↓

LYHD

此方式最大特點為取用經單雜交所選留之公母豬加以配種。可選育在繁殖性能方面優良之雜交種為母系，而在生長和屠體性能方面表現優良之雜交種為公系，再令公母二系雜交繁殖成四品種之雜種仔豬。此方式用於雜交之種公豬及母豬均為二品種，而雜種仔豬為四品種，其所具有雜交優勢之雜結合子百分比均為 100%。

7. 四品種輪迴雜交

如：LYD♀×H♂

↓

LYDH♀×L♂

↓

LYDHL♀×Y♂

↓

LYDHLY♀×D♂

↓

LYDHLYD♀×H♂

↓

……

此方式之雜交種母豬及仔豬都是四品種，其仔代具有雜交優勢之雜結合子百分比為 92%。

由上面數種雜交方式中，可以看出單雜交、三品種雜交及四品種雙雜交等所產生之後代，其具有雜交優勢之雜結合百分比最高。一般除了為維持純種所需之基本豬，或專門出售純種豬，採用純種配種方式以外，普遍均採用雜交配種之方式。而雜交方式之選擇，乃以能產生高雜結合子百分率為原則。目前較常見者，係以三品種雜交或輪迴雜交配種方式以生產上市之肉豬為主 。 不論選用任何種雜交配種方式，均應依所期望獲得之後代特性，加以選擇，並依此決定由母系或父系提供該遺傳特性。通常母系以具有較佳母性特性之 L 或 Y 或 LY 之雜交母豬為佳；而欲育成上市肉豬之父系，則應選擇生長快、飼料利用能力強和屠體品質優良之品種 ， 如 D 或 H 或 DH 之雜交公豬為宜。其目的乃是首先希望獲得優良繁殖能力之母系，以生產較多之仔豬頭數；再利用父系所擁有較高遺傳能力之性能，如生長速度、飼料利用能力和屠體品質，以傳遞給子代，謀求子代上市時能獲得較高之利潤。

（三）合成品系雜交豬 (compositive breed of hybrid pig) 之育成

近數十年來應用單純品種間的雜交方式，其後代僅能暫時性表現出雜交優勢 (heterosis)，已不能充分滿足養豬業者對豬隻穩定生產之質量，以及經濟效益之需求。因此，育種者即朝向品種間之同質性狀高的純合體 (homozygous) 畜群發展，著重於開發合成品系之育成。

目前合成品系之發展趨勢 ， 仍是以生產肉用型之雜交優質豬 (hybrid) 為標的 ； 其理論基礎係先選育特定品系 ， 再利用多品系間之雜交組合，配合性能檢定方法以篩選出最佳之品系組合模式。例如：英國某商業育種公司經由大白豬種、藍瑞斯種、漢布夏種和比利華種雜交固定，經歷 7～8 代後所育成之全新品系，其後軀比例和瘦肉率分別較大白豬增加 14% 和 9.9%；荷蘭合成之 Hypor（亥伯爾）豬之生長率也增加 10%，而飼料換肉率減少 9.4%。

為適應合成豬之生產制度，在生產體系應配合建立「曾祖代核心場 (greatgrand parental generation)——祖代原種場 (grand parental generation)——親代繁殖場（parental stock generation；專門供應雜交之父系和母系豬群）——商品合成豬生長肥育場 (commercial stock generation)」，並能確保該體系之經濟效益。例如：Dekalb 成品系雜交豬之育成，包括曾祖代四種品系 (A, B, C, D) 之純種繁殖和祖代之單雜交繁殖，以育成專用之父系 (AB) 和母系 (CD) 豬隻；再經由父系 (AB) 和母系 (CD) 之雙雜交模式，最終育成商品代供肥育之合成品系雜交優質豬 (ABCD)，其雜交模式與前節所述四品種雙雜交之方式相似（圖 3–20）。

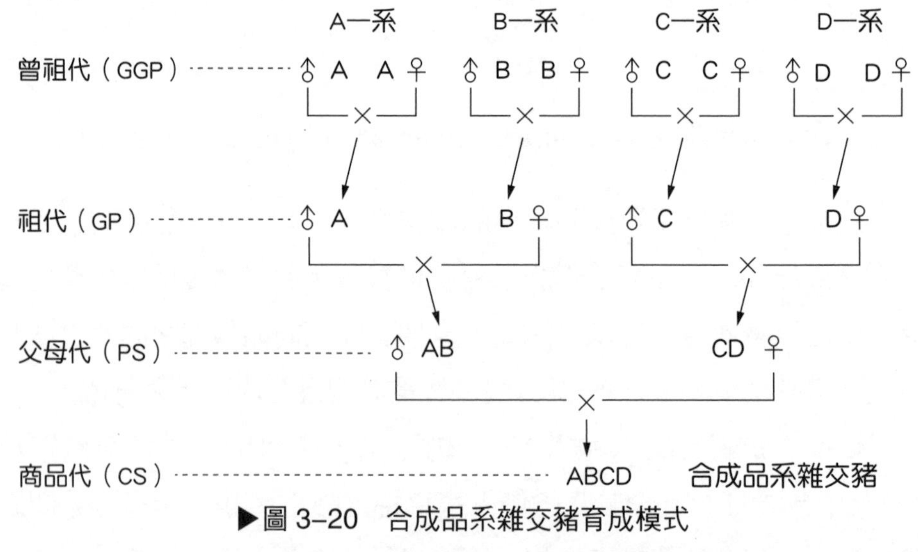

▶圖 3–20　合成品系雜交豬育成模式

（資料來源：修自張仲葛等，《中國實用養豬學》，河南科技出版社，p.246）

商品豬隻之親代之體軀，以健狀結實為基本要件；同時供應父系之豬隻，要求在飼料利用率、生長性能和屠體品質方面具有極突出之表現，而母系豬隻之產仔數、泌乳能力和母性之哺育能力等，應極為優異。如此，不論父系或母系，均各由祖代之二個品系合成；而祖代之各品系所需重視或選拔之性狀僅一或二個。由於選拔之性狀單純，遺傳改進效率也迅速。各性狀之選拔比重與強度，則視該性狀之經濟價值以及遺傳之改進率而定。

一個完整合成品系雜交豬之繁殖體系，其各級豬場應維持之豬群比例，似金字塔型（圖 3–21）；自塔頂至塔基之比例：曾祖代 (GGP) 1：祖代 (GP) 3：父母親代 (PS) 12：商品代合成雜交豬 (CS) 240；而橫向豬群之比例，祖代各品系豬群為 1 (A)：5 (B)：5 (C)：25 (D)；父母代豬群為 1 (AB♂)：10 (CD♀)。

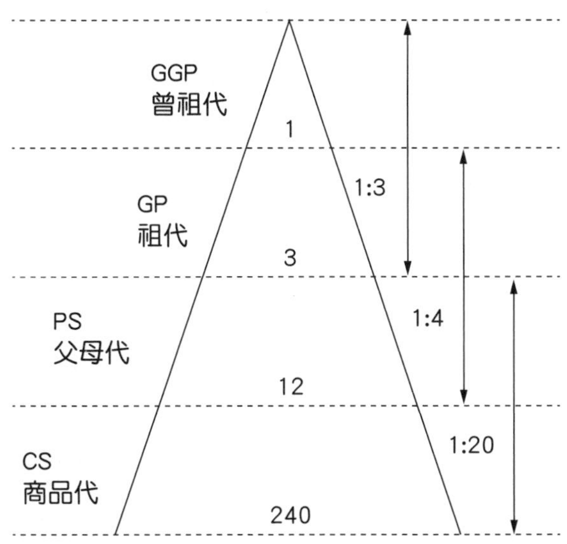

▶圖 3–21　合成品系雜交豬育成體系中各級豬場之豬群比例。橫向豬群之比例，祖代 (A：B：C：D) 約為 1：5：5：25，父母代 (AB：CD) 約為 1：10

（資料來源：張仲葛等，《中國實用養豬學》，河南科技出版社，p.248）

實習二
背脂厚度測定

一、學習目標

（一）瞭解各生長階段豬體背脂之厚薄程度。

（二）使學生熟悉背脂測定之方法及意義。

二、學習活動

授課教師說明背脂測定之重要性及其測定部位，使學生實際操作測定步驟，並以外觀預估其背脂厚度，再與實測值比較。

（一）目的

瞭解豬隻體脂肪堆積程度，而種豬之背脂厚度測定可作為其生長性能檢定之基礎。

（二）測定部位（圖 3–22）

1.單點測定

通常測定最後肋骨上，離背中線 5～6 公分處，約於臍部上方（B 點）。

2.三點測定

⑴第一點：位於肩胛骨正後方，離背中線約 5～6 公分之第一肋骨處（A 點）。

⑵第二點：偏離背中線 5～6 公分之最後肋骨處（B 點）。

⑶第三點：偏離背中線 5～6 公分之最後腰椎處，約於後膝關節之上方（C 點）。

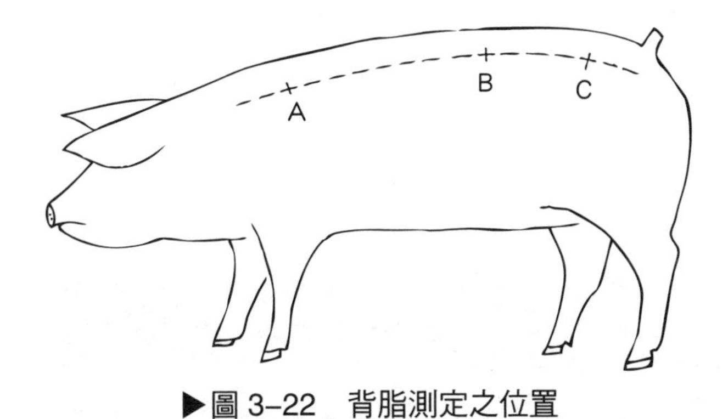

▶圖 3–22　背脂測定之位置

（三）測定方法

依演變過程及使用之工具區分兩種：

1.探尺（針）

早期係使用探尺測定背脂，於測定點以刀口切開豬隻之皮膚，將探尺插入脂肪組織至肌肉層之量測方式。測定時較為費時且易造成豬隻緊迫與感染，且有違反動物福祉之顧慮，目前已不被採用。

2.超音波背脂測定器

超音波測定之方式依機器之機型略有差異，以下乃以簡易型超音波背脂測定器（Renco Lean Meter LM-8 美製，如圖 3–23）為例，說明如下：

⑴將待測動物保定於定位，使其不能走動。

⑵將待測點（單側三點或兩側六點）擦拭乾淨（必要時可剃毛），並塗上薄油或導電劑（如：K-Y jelly）。

⑶將超音波探測器之接頭垂直密接於豬隻皮膚上。

⑷按下測定鍵，讀取顯示之數值，此值可依下式修正至體重 100 ± 15 公斤之背脂厚度。

背脂厚度 =（測定值）× 修正係數

修正係數 = 1.275 +〔（0.0033 × 體重）–（0.0000605 × 體重）〕

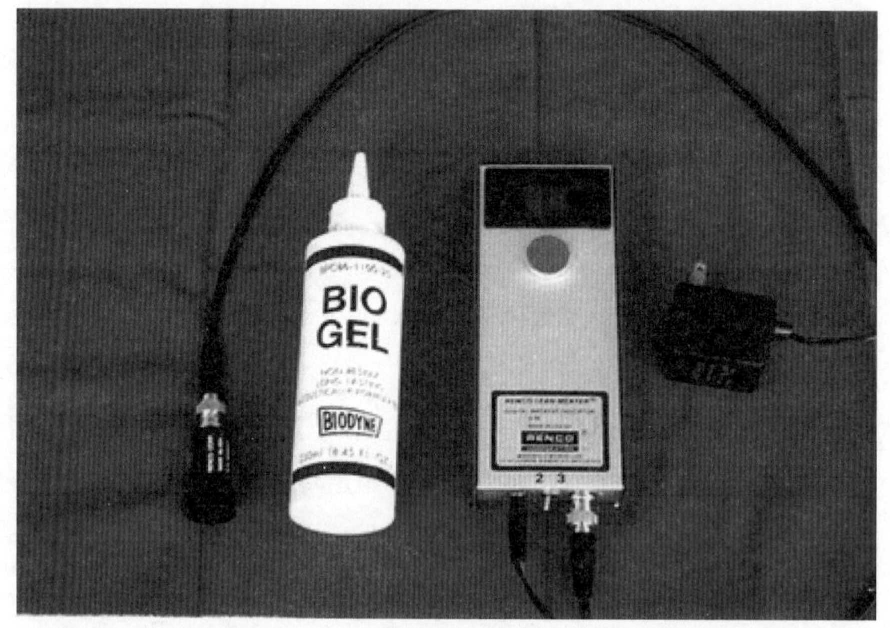

圖左為增加導電之膠質 (K-Y jelly)，圖右為背脂測定器（含延伸至圖左之測定探針）

▶圖 3–23　手提式超音波背脂測定器

另一種簡易型 Scanoprobe 超音波懷孕與背脂兩用測定器，背脂測定之位置與操作之步驟與 Renco Lean Meter LM-8 簡易型者相似。唯該型以指示燈號顯示四個分離之亮點，讀取第一點至第三點間之距離即為背脂厚度，而第三點至第四點的距離，代表腰眼深度（圖 3–24）。另外，有較新型即時顯像超音波掃描器，具有顯示背脂和腰眼組織影像之功能；其測定原理與簡易型大同小異，唯儀器設備較昂貴。

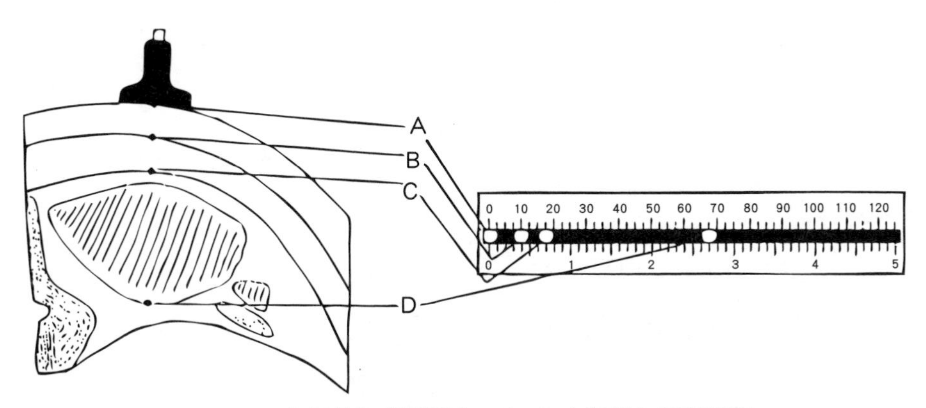

A—B—C 之距離為背脂厚度，C—D 之距離為腰眼深度

▶圖 3-24　超音波背脂測定

（資料來源：沈添富、林明順、魏恆巍、徐淑芳，《畜牧學實習手冊》，華香園出版社，p.62）

習題

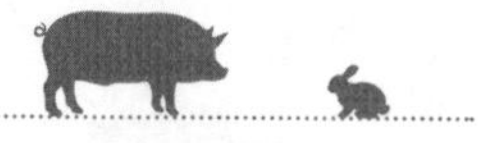

一、是非題

(　　) 1. 母牛、母羊與母豬的發情期皆 21 天。

(　　) 2. 母豬的懷孕期約為三個月三星期又三天。

(　　) 3. 超音波妊娠診斷器約可偵測出懷孕 30 天後之母豬胎兒。

(　　) 4. 一般現場採集公豬精液的方法，多使用假陰道之方法。

(　　) 5. 公豬精子在母豬生殖道內存活的時間比卵子存活的時間為長。

二、填充題

1. 暫時保存公豬精液之最適溫度，約為______ °C。
2. 人工授精時，所注入之總精子數以______為適當，而精液注入量則以______ mL 較佳。
3. 種豬性能檢定之項目，通常包括：①______ ②______ ③______。
4. 母豬在自然狀態下之排卵數約______個。

三、問答題

1. 繪圖說明雌性家畜之生殖系統。
2. 試述應用人工授精之優點。

第四章　飼養管理

一、種豬的飼養管理

（一）種公豬的飼養管理作業

留種用公豬之育成應維持體態健美，最忌發育成肥胖體型，故豬欄內應設置運動場，供其充分運動。

年輕種公豬在其體重約達 110 公斤（檢定結束前），應供餵優良高蛋白之飼料（粗蛋白質含量約 16% 以上）。至檢定結束後，則每日可餵予 2.0～2.5 公斤含粗蛋白質 14% 之日糧；而體重達 180 公斤以上之成年公豬，且已擔任配種工作時，則可提高其日糧中粗蛋白質含量至 17%，每日約餵 2.8～3.2 公斤，以分兩次餵給較佳。餵食量宜視其體型大小、發育情形及配種頻度之多寡予以調整。

新公豬可在 7～9 月齡時，給予適度或輕度之配種或採精，有助於訓練其正確之配種姿勢與習慣其假母臺之駕乘。

公豬舍應通風良好，氣溫以 18～24 °C 為適宜，若公豬長期在 29 °C 以上之高溫環境，或短期間在 33 °C 以上環境下，則將導致精液品質降低、精子活力下降、畸形精子數增加；即使已更換正常環境，其精液品質可能需在高溫狀況解除後約六週，才能恢復正常。因此在夏季時，應設法降低公豬舍內之溫度。

種公豬舍宜具備運動場所，以提供其充分運動空間與運動量，並使其有接觸足夠陽光之機會 。且平時對公豬舍之清潔與消毒必須確實，以減低疾病傳播之機會。

在日常作業中觀察母豬發情或執行自然配種工作，移動公豬時，須防止兩頭陌生公豬在毫無隔離下迎面相逢，以免發生打鬥而傷及人畜。公豬一般外傷或蹄裂，可用碘酒或龍膽紫予以噴治，或以魚石脂 (Ichthammol) 20% 與凡士林 80% 混合後，塗抹患處。

自然配種時，管理人員須在旁觀察，並視情況適時予以協助。若公母豬之體型大小差異懸殊時，可應用交配架或粗麻袋包鋪墊物等設備協助之。配種場地地板不宜光滑、潮溼，以防止滑倒而傷及種豬腿部與蹄腳。

（二）種母豬的飼養管理作業

選留為種用之更新母豬，約在 100 日齡，體重達 50 公斤以上時，即應予限食，並儘可能與肉用豬群分開飼養。一般新母豬在滿 8 月齡，體重達 115 公斤以上，應於發身後第二次發情期時，才予配種為宜。

1.配種前之照顧

在配種前應先予以驅蟲 ， 同時在配種前一星期宜增加餵料量 0.5～0.7 公斤／日，予以催情 (flushing)，有助於增加排卵數，並使其發情徵候更加明顯。在配種後則應恢復母豬原有之餵料量，此時若增加餵料將提高早期胚胎之死亡率。在懷孕期的前 60 日 (約為懷孕期之前 $\frac{1}{2}$)，胚胎之發育仍屬有限，每日僅宜餵給 1.8～2.0 公斤之混合飼料，而懷孕後半期，則因胎兒已迅速發育，因此，飼料量應予提高至 2.2～2.5 公斤／日。

2.配種新母豬之挑選

新母豬若連續經過 3 次自然配種而仍然不孕時，則應將其淘汰。通常約有 10% 的新母豬具有生殖系統發育之缺陷而造成永久不孕，包括卵巢或子宮發育異常等與生殖系統之病變等。

3.分娩前後之衛生管理

(1)母豬於分娩前三週及一週時，分別驅蟲一次。在分娩前 5～7 日，進入分娩欄，在進入分娩欄前，宜以肥皂水及溫水刷洗全身，分娩欄架亦應事先清潔消毒。分娩舍應避免高溫多溼，否則會使母豬食慾減退、體力消耗、內泌素失調，進而造成分娩過程延遲與降低母豬後續之哺乳能力，而導致仔豬衰弱。

(2)分娩前三日，應給予輕瀉性飼料，如麩皮、燕麥等，且餵料量應限制為懷孕後期之一半；待分娩後，則可漸次增加飼餵量，直至分娩後第 10～14 日時，才給予哺乳期之全量。哺乳母豬全量日糧之計算為：基本飼料量 2 公斤和每多一頭仔豬則增加餵給 0.25 公斤飼料量之總和；平均每頭分娩母豬每天餵給約 3.5 公斤或以上之飼料，並隨時視母豬之採食量而予以適度調整。

(3)母豬將近分娩時，其乳房豐滿、乳頭脹大，在分娩前一日可擠出乳汁，母豬之行動呈現坐立不安之狀態。此時需準備好分娩所需之用具，包括：剪刀、碘酒、鉗子、消毒藥劑、布與保溫燈具等。全部分娩過程約需 2～4 小時，平均每隔 15 分鐘產出一頭仔豬，當全部產出後約 1 小時，可順利排出胎盤與胎衣。排出之胎盤胎衣應迅速移除，防止母豬食入。且在分娩後應以 1% 過錳酸鉀液或陽性消毒液沖洗母豬陰戶，進行產後消毒。

(4)母豬發生難產時，除請獸醫師協助外，可讓先出生之仔豬先行吮乳，此舉可經由乳房之吮乳而刺激分泌催產素促進子宮收縮，有利於分娩，亦可防止先出生的仔豬因血糖降低而過於衰弱。此外，亦可直接注射催產素予以催生。

(5)誘發分娩之應用：母豬之懷孕期平均為 114 日，為了便於管理作業，可在懷孕之第 112 日以後，注射前列腺素。大多數之母豬在注射後約 33 ± 6 小時，可被誘發分娩。唯懷孕 111 日前之母豬禁止使用，否則可能產下生理未完全成熟之仔豬，而難以育成。

4. 仔豬初生之照顧

仔豬於出生後最初一週，尤其在三日內，由於其身體稚弱，生理、反應較不成熟，常有被母豬壓死之事件。為了減少或杜絕此種意外之損失，分娩欄內須有區隔仔豬與母豬的保護欄架設備較佳。

5. 哺乳母豬離乳前之照顧

在離乳前 2～3 日，哺乳母豬需減少 $\frac{1}{3}$～$\frac{1}{2}$ 的餵料量，並在離乳當天僅餵青飼料，以減少離乳後發生乳房腫脹或乳房炎之機會。

6. 離乳母豬之照顧

已離乳之母豬，約 85% 之母豬於仔豬離乳後 3～10 日內發情，若哺育仔豬僅 2 週齡以內時，則母豬應在離乳後第二次發情時才予以配種；若仔豬在 3 週齡以後離乳，則母豬可在第一次發情時即予以配種。

二、肉豬的飼養管理

（一）哺乳仔豬

1. 出生至 3 日齡之管理作業

(1)助產作業：仔豬出生時，管理人員應立即協助清除其身上、鼻腔、口腔等部位之黏膜，以免發生窒息。

(2)剪臍帶：將臍帶在距腹部約 5 公分處剪斷，並用 2% 碘酒消毒。

(3)剪針齒：仔豬出生時上下牙床即具有 8 枚尖銳的針齒，在哺乳前宜將其剪斷，否則吮乳時有咬傷母豬乳頭之危險；剪針齒時約剪斷 $\frac{1}{2}$，避免傷害到牙齦部位。並在每剪完一頭仔豬之後，應需立即以 70% 酒精消毒。

(4)協助仔豬吸吮初乳：仔豬在出生後 5～18 小時內，其腸道吸收完整蛋白質之能力尚未封閉前，須協助其及時獲得初乳 (colostrum)，因初乳中含高量之免疫球蛋白，藉此途徑仔豬可獲得被動免疫抗體之抗病力與能量。

(5)新生仔豬之保溫措施：新生仔豬由於體表面積比例大、被毛稀少及體內脂肪含量少（低於 1%），對寒冷之適應力差，容易受寒。初生仔豬在出生後一週內，其環境溫度應控制在 32 °C，以後每週降低約 2 °C。若仔豬遠離保溫區則表示溫度太高，應適時調節溫度。

(6)仔豬之寄養或人工哺育：若母豬於分娩後，因疾病或死亡而無法自行哺乳時，須以人工哺育仔豬。仔豬在出生後 3 日內，以 2～4 小時飼餵一次或每日飼餵 4～5 次為原則。採取寄養於其他母豬之方式，則應選擇分娩時機相近之寄（代）養母畜。寄養之作業宜在夜間進行，以養母之乳汁或尿液塗抹欲寄養仔豬全身，並在夜間將之混入代養母豬之仔豬群中，防止被代養母豬分辨而遭其傷害。

(7)耳號編製：為了便於識別、管理及追蹤豬隻的各項資料，因此，經營豬場應給予每頭豬設置一可辨識之號碼或名稱。一般採行在仔豬出生後 2～3 日內，編剪耳號之方式最簡便實用。中華民國養豬協會為統一全國豬場之耳號，便於種豬之登錄工作，於民國 76 年公布種豬耳號統一識別之耳號編剪方法。

耳號剪法範例如下圖所示（圖 4–1）：

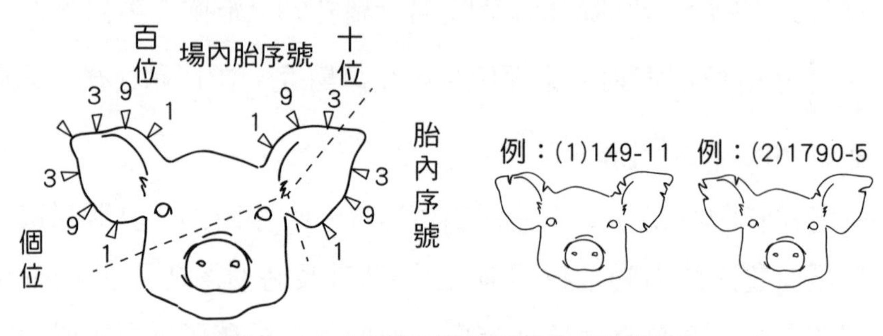

▶圖 4–1　仔豬耳號之編剪方式及範例

2. 3 日齡至 3 週齡

此期間之作業重點包括：預防仔豬貧血、降低仔豬下痢以及避免咬尾癖之發生。

(1)仔豬貧血之預防：鐵為血液中血紅素形成之必需元素，懷孕期間經由胎盤傳遞鐵元素至胎兒之機會低，又母豬乳汁中鐵質含量亦不足，因此新生仔豬體內含有之鐵元素量少，使血紅素之形成受限制（低血紅素），導致仔豬易發生缺鐵性貧血。預防方法：在仔豬 3～4 日齡時，肌肉注射 100～150 毫克鐵劑一次，最好於 2 週齡時再注射一劑。在母豬乳頭塗擦鐵劑或在分娩欄內放置清潔的紅土供仔豬舔食之方式，亦能獲得類似效果，但不若前者方便。

(2)仔豬下痢之預防：仔豬在 3 週齡以前容易發生下痢，在環境不良時，體弱仔豬易發生黃色水樣下痢，此症主要由病原性大腸桿菌所引起。預防措施包括：保持分娩舍之溫暖、乾燥、防止賊風，同時亦需做好消毒、衛生等管理工作，可減少下痢之發生機會。

⑶去勢 (castration) 與剪尾：非種用之肉用公仔豬，通常在二週齡內實施去勢手術。去勢前需將刀片及陰囊以碘酒徹底消毒，再割開陰囊，分別將左右兩個睪丸拉（剪）除（如圖 4–2）。去勢後的創口需徹底消毒，仔豬日齡愈早進行去勢手術，陰囊皮膚之傷口較小，不需縫合；若較晚期施行去勢手術時，則皮膚傷口應予縫合；如手術順利傷口通常可於一週內痊癒。

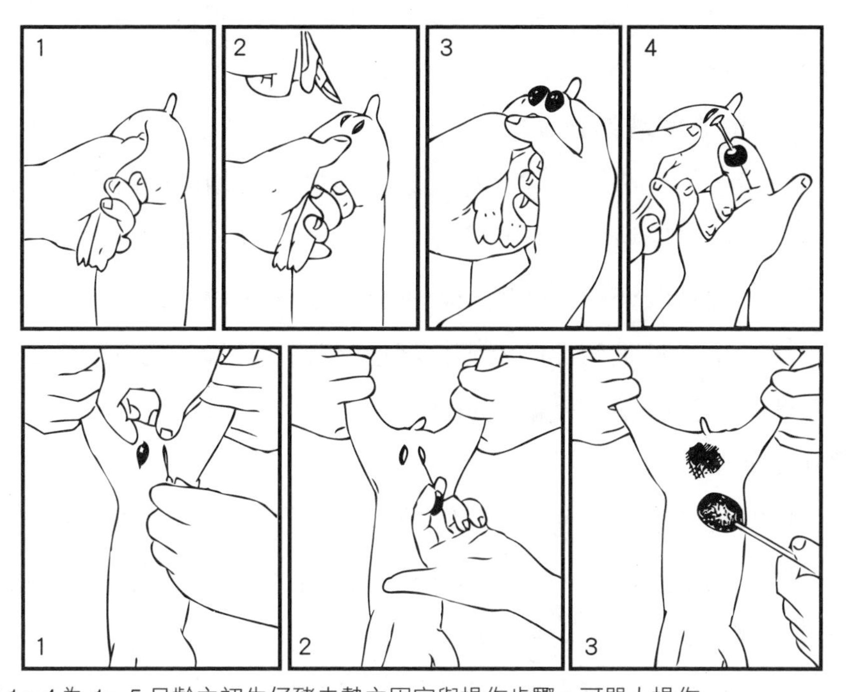

上圖 1～4 為 1～5 日齡之初生仔豬去勢之固定與操作步驟，可單人操作
下圖 1～3 為日齡稍長仔豬之去勢方法，需將仔豬倒提固定，故應有一人協助較佳

▶圖 4–2　仔豬去勢之方法

（資料來源：Ensminger and Parker (1984), *Swine Science*, p.290, The Interstate Printers and Publishers, Inc., Danville, Illinois.）

剪尾手術係為防止仔豬在早期離乳後，因併欄或密飼引起咬尾或吸吮尾巴的惡習 。剪尾時係使用剪尾鉗於距仔豬身體 0.6～1.2 公分處剪斷，剪尾鉗在使用前以及每剪完一隻仔豬後，均需被消毒乙次，以防止因手術造成之感染，剪除之傷口部位亦需以碘酒消毒。

(4)槽料之供應：母豬之泌乳量通常於母豬分娩後 3 週達最高峰。此時乳汁中之養分尚能供應仔豬之發育；之後，乳量減少，乳汁之養分已漸不足仔豬之發育需要。故一般在仔豬出生後 10～14 日，宜開始餵給教槽料，使得仔豬於母豬乳量減少之前即能適應固體料的習慣，離乳後仔豬較能順利增加吸收固體料之養分，維持持續之發育。

3. 3～4 週齡之管理作業

仔豬之生長快速，除了母乳之供給外仍必須供應品質優良的飼料才能發揮遺傳潛力，此期之槽料應含 CP 19% 以上，並給予仔豬任食，在此階段亦需驅除體內寄生蟲，以免影響仔豬之生長。

若仔豬在吸吮初乳前未施行豬瘟免疫注射者，應於離乳前一週或 3 週齡時實施豬瘟疫苗預防注射。

4. 離乳作業

目前大多採取 4 週齡之早期離乳作業，離乳會造成仔豬之緊迫，早期離乳更甚之，容易引起離乳仔豬之下痢。因此，離乳方式應儘可能減少仔豬之緊迫為原則。

一般仔豬之體重需大於 5.5 公斤才可進行離乳作業，此時環境溫度應保持在 27～29 °C 之間，且須預防賊風。

（二）保育期之飼養管理作業

通常保育仔豬乃指自離乳後（約 3～4 週齡）至 8 週齡之小豬，因其驟然離開母豬，並且與他豬併欄飼養，飼料型態自液體變更為固體等緊迫因素，以及發育未臻完善的消化道，極易因此而導致下痢或其他消化系統之障礙，而使生長速度減緩、停滯，甚至發生死亡。因此，在此階段的飼養管理亦十分重要。

剛離乳仔豬給飼的方法，最好採用「少量多餐」之方式，不可過飼。如此不僅可減少飼料的浪費，並可保持飼料之新鮮度。至 6 週齡實施豬瘟與丹毒之疫苗注射，並予任飼至 8 週齡，始進入肉豬舍。

（三）生長肥育豬之飼養管理

生長肥育期之豬隻，通常是指仔豬自 8 週齡，體重約 15 公斤左右開始，至肉豬上市時之體重約 90～100 公斤之期間稱之。此階段之飼養管理要點為使豬隻之生長在最短期間內達到上市之體重，以獲得最佳飼料換肉率，同時降低豬隻之死亡率至低於 1.5% 為主要目標。

生長肥育豬之飼養管理依豬隻之生理發育通常分為兩個階段，一為 15～60 公斤之生長發育期，另一為 60 公斤至上市體重之肥育期。

1. 日糧之供應

近年飼養生長肥育豬，在 20～60 公斤階段以含粗蛋白質 (CP) 16% 的生長期飼料供豬隻任食，而 60 公斤以後至上市體重期間，以含 CP 14% 的肥育期飼料每隻每日 2.5 公斤限飼為宜。至於豬隻之飲用水，無論在任何階段，皆應提供豬隻充分且清潔衛生之飲水。

2. 環境溫度

環境氣溫在 15～21 °C 時，生長肥育期之豬隻表現出最佳之飼料換肉率與隻日增重。臺灣地處亞熱帶區，肉豬之飼養需面臨豬隻熱緊迫之問題，若環境氣溫高於 26 °C 時，豬隻之飼料攝食量、隻日增重以及飼料利用率等均呈下降的趨勢。當環境氣溫升達 32 °C 以上時，其影響則更為嚴重。因此，在豬場一般以淋浴設備與改善豬舍之通風途徑，以降低畜舍溫度，達到協助豬隻散熱之目的。

3.咬尾癖之防範

在生長肥育期豬隻之飼養，亦需防範豬隻咬尾之惡習，引起豬隻咬尾習慣的原因，可歸納如下：

⑴太早期之斷乳作業，離乳仔豬仍具吮乳本性，若豬群過於擁擠則易於引起。

⑵豬舍內未使用墊料，以致豬隻缺少啃嚼的物品。

⑶飼料中之營養不平衡，日糧中之鹽分太少或粗纖維含量太低（不宜低於 3%）。

⑷豬舍內供水不足或通風不良過於悶熱潮溼等原因。

預防之道為避免太早期之離乳作業方式，或在離乳前採行剪尾作業。若豬群中發現有咬尾情形時，應立即找出咬其他豬的禍首並加以隔離，以免繼續咬傷他豬，造成傷口流血，更容易刺激其他豬隻仿效咬噬。平常可在豬欄內放置空罐或乾草，以供豬隻咀嚼、玩耍，而減少咬尾之現象。

4.分欄作業

併欄作業宜在仔豬保育期行之，若有條狀地面可以每 30～60 頭為一欄。在此期間之豬隻不宜再行併欄（或併群）作業，避免因併欄造成打鬥之損失，僅能行分欄或分群作業。

分群之原則係以體重為依據，就同欄內體重相近似之豬隻飼於同欄內。前期（生長期）以每 20 頭為一欄，後期（肥育期）則以每 10 頭為一欄為宜。

5.衛生管理

豬舍內的清潔衛生、工作人員進出豬舍之管制、車輛的消毒、驅寄生蟲作業及肉豬出售作業等工作均需注意安全衛生與防疫，以防疾病之交叉傳播。

實習三

豬隻保定

一、學習目標

（一）瞭解豬隻各項操作之保定方式與要領。

（二）熟悉保定之步驟與技能。

二、學習活動

（一）繩索之選擇與鼻套之製作

1.目的

⑴依豬隻體型大小，選用適當粗細之繩索。

⑵熟悉各種繩套之製作。

2.說明

⑴繩子粗細之選擇：固定用繩索之粗細應依豬隻體型大小來決定，通常大豬約使用直徑約 1 公分之麻繩為佳，中豬使用約 0.5 公分者，而小豬可使用約 0.2 公分者。避免使用尼龍繩，以免在操作中滑脫，使操作中斷或發生危險。

⑵繩套之製作方法：現場保定常用之繩套方法有很多，例如雙套結，一般用於四肢的固定；鼻繩套，用於上顎鼻端之固定，其製作方法如圖 4-3。

⑶目前有市售之鋼絲鼻圈，使用上較為方便，且固定較牢固，但對豬隻而言較易造成傷害，即口鼻部易破皮或流（淤）血。以學生實習為目的而言，應可避免使用之。

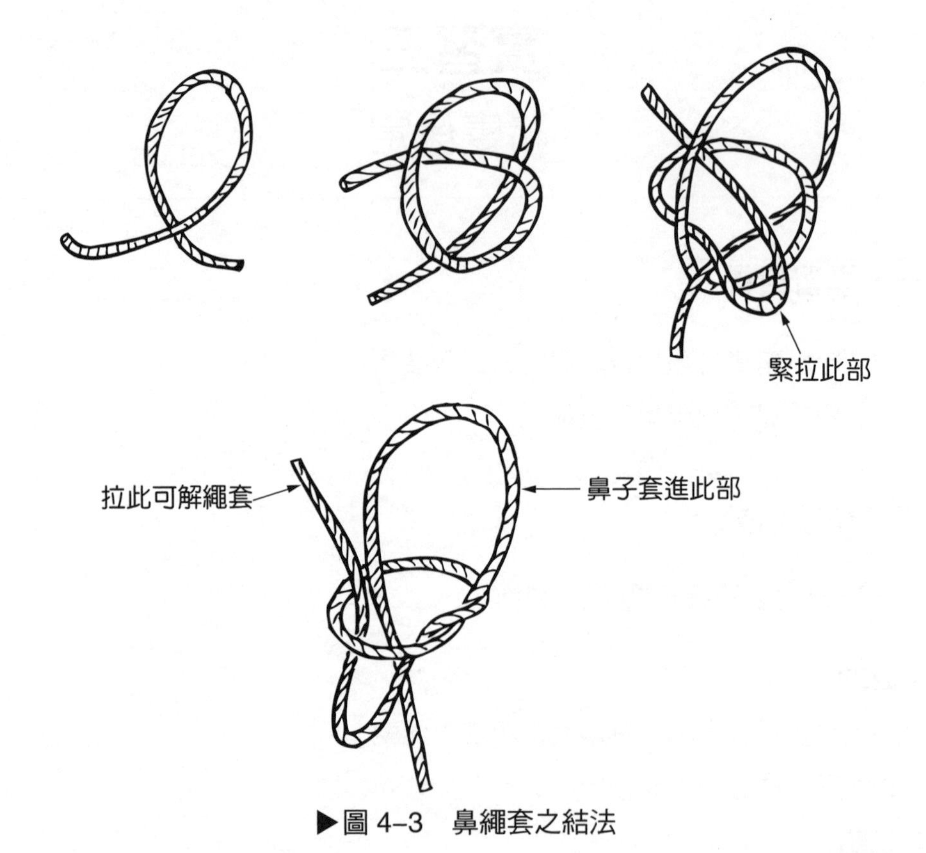

▶圖 4-3　鼻繩套之結法

（資料來源：施澄賢、李正雄、陳俊雄，《畜牧學（二）》教材，省立高級農業職業學校，陳明造教授指導，p.50）

（二）豬隻之保定

1. 目的

熟悉豬隻的各種保定姿勢、方法與要領。

2. 說明

豬隻保定的目的在於方便進行現場有關各項管理作業，包括去勢、投藥、注射、採血等操作，並保障人畜之安全。

常用的保定方法不外乎徒手保定與繩索保定，其保定之姿勢與動作要領如圖 4–4。如前述，鼻套之保定亦可採用市售之鋼線製成的鼻部保定器或鼻圈，操作較為便利，但容易傷及動物之口角與鼻部，故對於較優良之種豬或特殊之動物，亦可選用麻繩保定，對豬隻較為安全，且較合乎動物保護之人道原則。

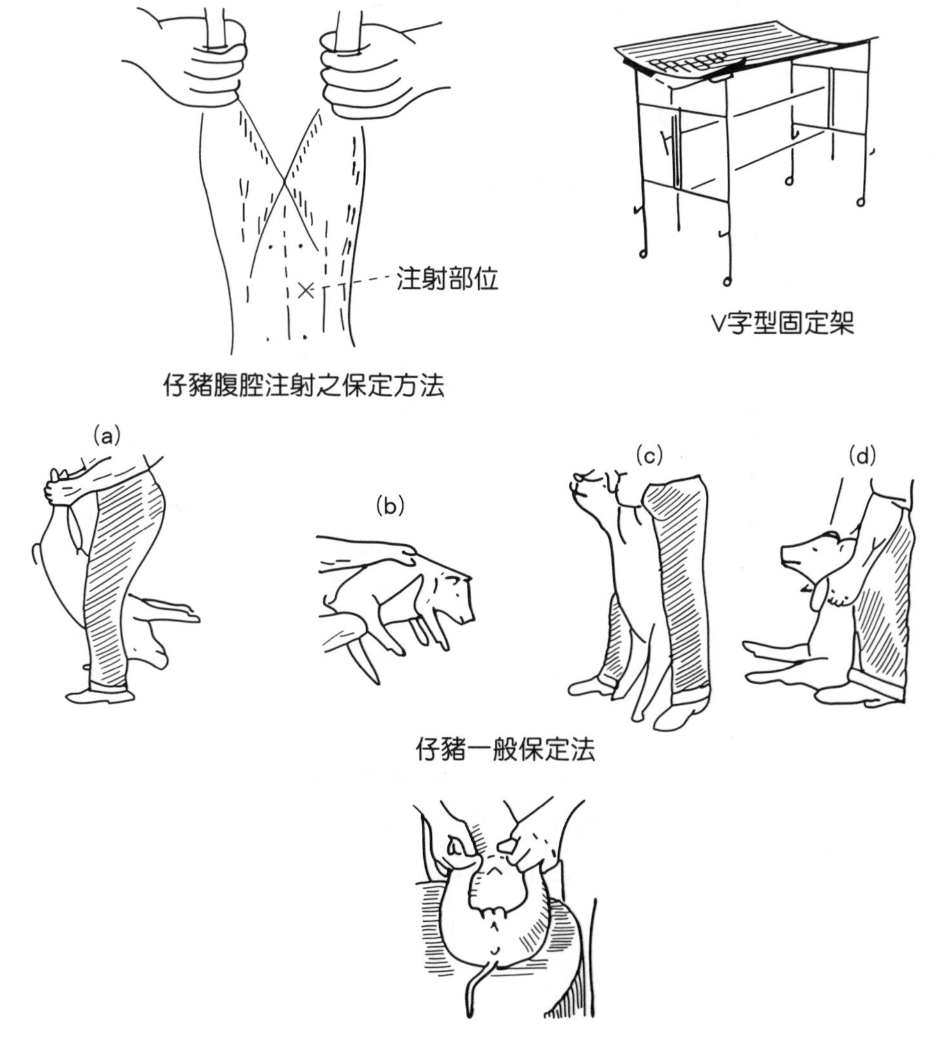

仔豬腹腔注射之保定方法

V字型固定架

仔豬一般保定法

仔豬去勢時之保定方法之一

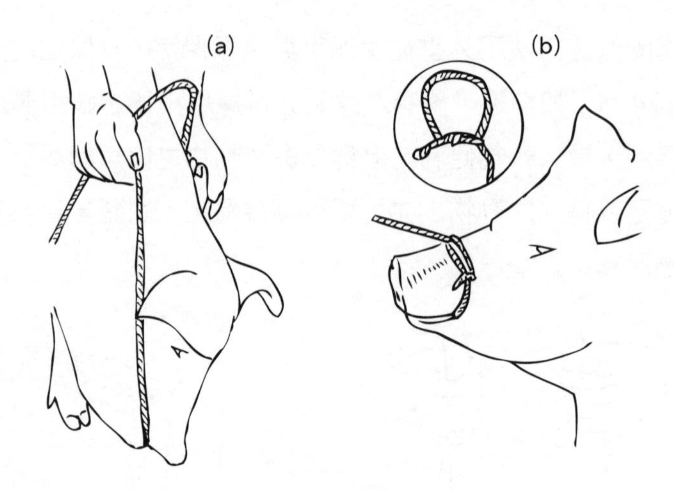

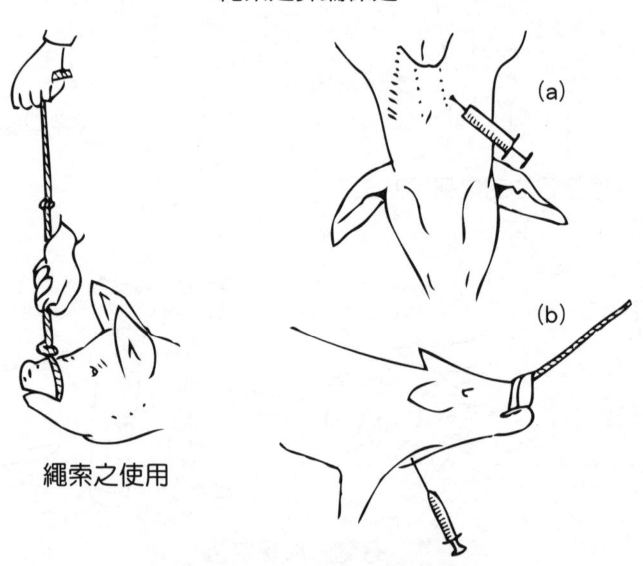

▶圖 4-4　豬隻保定圖示

（資料來源：沈添富、林明順、魏恆巍、徐淑芳，《畜牧學實習手冊》，華香園出版社，pp.16～19）

習題

一、是非題

(　　) 1.豬隻保定不牢固可能會影響操作的進行，但對操作者與動物本身並無危險性。

(　　) 2.分娩是母豬所具有的自然本能，故在分娩過程中，仔豬並不需人為的照顧。

(　　) 3.母豬應於分娩前三天給予輕瀉性飼料，以減少便秘的發生。

(　　) 4.母豬產後應注意其胎衣是否排出，且不可讓母豬將它吃掉。

(　　) 5.新生仔豬比較怕冷的原因是因其體重太小之故。

二、填充題

1.初生仔豬具有______枚針齒，其中有______枚是犬齒。

2.仔豬應於______日齡注射鐵劑______毫克。

3.通常仔豬可於______日齡開始給予教槽飼料。

4.傳統的仔豬離乳週齡約 8 週齡，而目前大多採早期離乳，約於______週齡開始實施。

5.誘發母豬定時分娩所使用的激素通常為______。

三、問答題

1.說明仔豬出生至 3 日齡之管理要點為何？

2.請說明豬隻耳號編剪之方式為何？

第五章　豬場經營

根據省政府農林廳之調查，臺灣養豬戶數與在養豬隻頭數由民國 75 年之 72,393 戶飼養 705 萬頭演變為民國 84 年 26,140 戶飼養 1,021 萬頭；其中小規模散養戶（低於 500 頭）因經營效益不敷成本已逐漸自佔有率之 96.1% 減少為 78.3%，其所飼養之總數，則自 48.3% 下降為僅 18.1%，且逐漸會有所變動。

養豬場規模之大小，除了取決於經營者之資金多寡、可取得之土地資源以及政府之農業政策外，尚需考慮其經營之成本效益，才能因應起伏多變之市場價格以獲取合理之利潤。

一、經營方式與目標

（一）經營模式

1. 商業肉豬場

指純粹向其他種豬場購入仔豬，飼養至上市體重者。此種豬場所需的勞力較少，設備較簡便，飼養管理方式可單純化。

2. 種豬場

僅飼養種豬以生產肉仔豬或種用母豬，再轉售至其他肉豬場繼續飼養者。此種豬場應有較佳之飼養管理技術，建築設備較複雜且昂貴，所生產仔豬之銷售管道應預先安排，但其所需之土地面積小且飼料用量少。

3. 一貫作業養豬場

包括種豬、仔豬及肉豬之飼養管理。此種豬場可說是前述兩種豬場之綜合，需有完整之飼養管理技術及防疫措施，且所需土地面積較大，建築與設備費用高，所需人力及飼料消耗量大，但其獲利則相對較穩定。

（二）經營目標

經營豬場之目的就是要獲致良好的生產利潤，而經營管理之目標將因各場之實際狀況而有所調整。

依據 Becker 等人 (1966) 之研究資料顯示，各個生長階段豬隻之生產性能平均值如表 5–1 所列：

▶表 5–1　不同日齡豬隻之體重及生長性能

日齡 days	活體種 (kg)	日增重 (kg)	飼料換肉率 (kg/kg)
0	1.0	–	–
14	4.5	0.23	1.5
48	13.6	0.45	1.9
56	18.2	0.54	2.2
85	36.3	0.75	2.8
96	45.4	0.82	3.1
108	54.5	0.86	3.3
128	72.6	0.91	3.5
145	90.8	0.95	4.1
155	100.0	0.98	4.4

（資料來源：Pond and Maner (1984)，*Swine Production and Nutrition*，藝軒圖書出版社，p.638）

國內由政府結合產、官、學界推動「降低毛豬生產成本計畫」，於工作報告中指出，就 26,767 胎母豬之繁殖資料所分析，種豬場之生產概況，平均窩仔數為 10.5 頭，平均活仔數為 9.6 頭，死產率為 8.1%，離乳仔豬窩數為 8.3 頭；母豬年產胎數為 1.74～1.78 胎，每年每頭母豬之平均離乳仔豬頭數為 14.6 頭，育成率為 86.6%，而每年上市毛豬頭數為 12.7 頭。

表 5–2 所示為國內種豬場之大致生產狀況與經營目標之範例。

▶表 5–2　種豬場之生產狀況及其經營目標

項目	生產狀況	經營目標
仔豬死亡率（含死產率）	25%	8～10%
離乳至配種成功之天數	20	7
受孕率	75～80%	95%
每胎生產頭數	10	12
平均離乳仔豬窩數	8～9	10.5
每年胎數	1.7～1.9	2.3
每年每頭母豬之平均離乳仔豬頭數	15	24

二、豬場規劃之原則

一旦決定經營模式後，即應著手豬場畜舍之建設與規劃。規劃豬場應考慮的要點包括下列五點。

（一）經營之規模

近程和遠程經營規模之大小應預先設定，再就需求而進行後續相關各項規劃。

（二）地點之選擇

其要點包括地點、道路系統、水電供應狀況、地形以及未來擴充規模之將來性等，分述如次。

1. 地點

應考慮本島氣候環境之特性與冬夏季風向，避免豬糞尿之臭味吹向人口密集地區或村落，而造成公害問題。

2. 道路系統

動物進出場內之交通問題與場內道路之規劃體系，應合乎一貫性，且對外之聯絡與動物之銷售運輸路線，應儘可能以便利為原則，有利飼料車及豬隻裝卸車之進出。唯豬場最好遠離交通繁忙道路，以減少空氣汙染與疾病之傳播。

3. 水電供應狀況

水電供應便利與否影響豬場之經營甚巨，水源為豬隻生理需求以及清潔畜舍、畜體之所需。若水源為地下水時，水質應加以檢驗後，正常者始可供動物飲用。電源為供應夜間作業所需，同時亦為仔豬保溫措施之能源。

4. 地形

應考慮豬舍的座向與通風狀況，並注意地形、地勢之走向，以作為排水與糞尿處理決策之參考。

5. 擴充規模之將來性

場地選擇應同時考量將來擴充發展之機會，在資金充裕下宜選擇有腹地可供擴充者，並應顧慮及環保問題。

（三）豬場之生產作業模式

依據建場之規模、豬隻生長發育之生理變化與經濟效益來決定豬場飼養管理作業之策略。例如：較常見的由分娩後、生長期至肥育期之三段式作業，以及四段式或五段式之一貫作業養豬場。

（四）畜舍之配置

畜舍之配置應以能使管理作業發揮最佳之效率為目的。配置之模式可規劃為下列兩種：

1. 直線型之配置（如圖 5–1(a)）：此型較適合於小型豬場，所佔用之面積少。
2. 平面式配置（如圖 5–1(b)）：本型基於操作方便之考慮，唯佔地較大，較適合於大型豬場之規劃。

（五）自動化機械之設置

由於國民生活水準提高，勞力日益缺乏，因此，豬舍規劃應同時依資金與勞力需求來決定豬場自動化機械設置之必要性。自動化機械設置之程度愈高（如：自動餵飼系統與畜舍自動沖洗設備或條狀地板等），所需之設備資金較多，但可節省較多之人力，以提高經營效率。

三、養豬分段作業與管理要點

（一）養豬分段作業之形式

豬場之分段作業應配合豬場經營之規模與建築物之配置方式來實施。其分段作業形式如下。

1. 一段式

指飼養管理不分段作業之方式，下列兩種類型生產方式屬之。

(1)放牧經營：由母豬懷孕生產以及仔豬育成以迄肥育出售前，皆在牧地施行，屬不分段之管理作業，此種方式在國內土地資源有限下甚為少見。

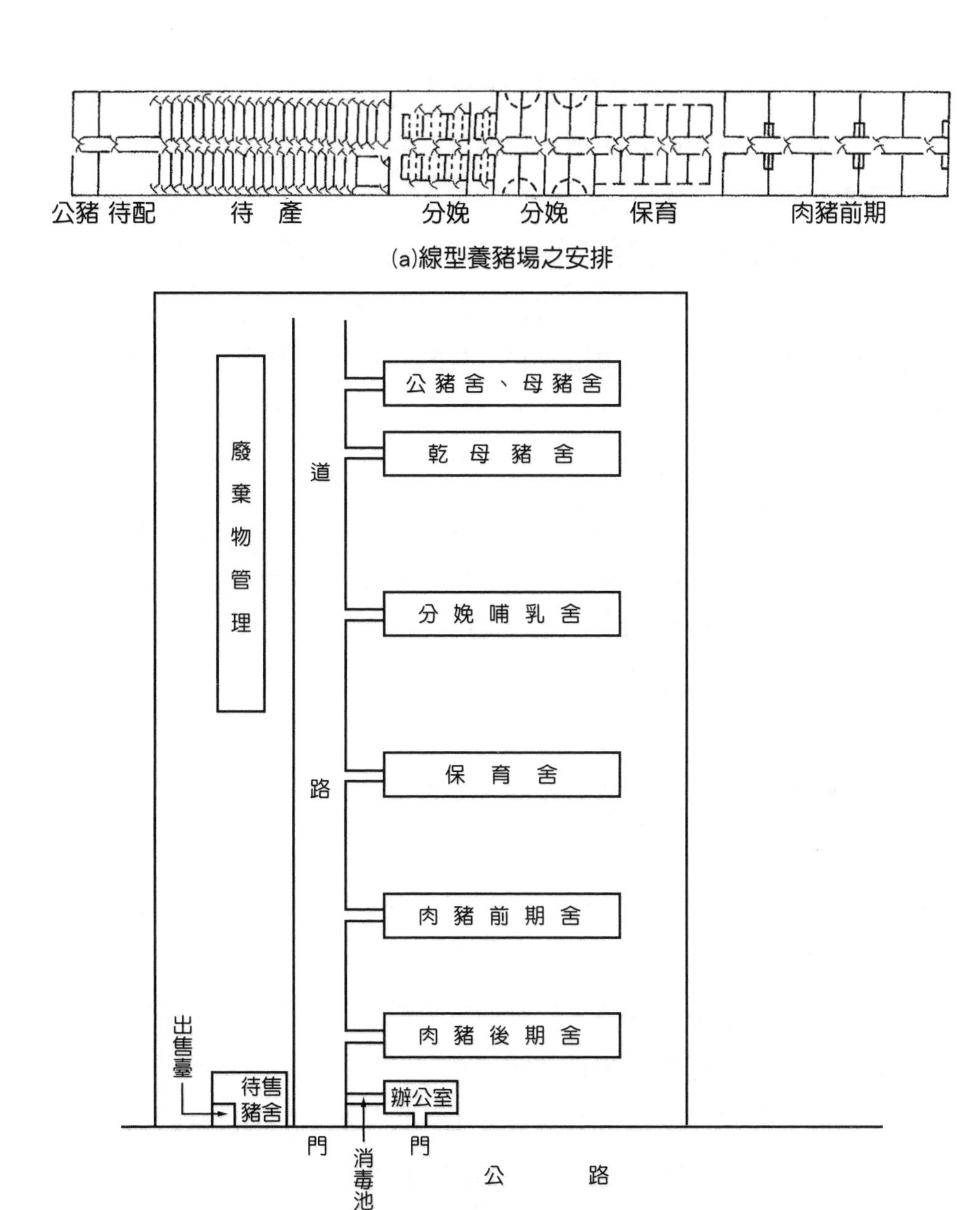

▶圖 5–1　豬舍建築之配置範例

（資料來源：夏良宙，《豬舍策劃》，臺灣養豬科學研究所，pp.171～172）

⑵架子豬之生產：指母豬產仔及仔豬育成至架子豬（體重 18～27 公斤）出售之不分段式作業，此方式在國內亦少見。

2. 二段式

指仔豬由哺乳、離乳及保育階段在同一欄內飼養，等到體重約 27 公斤，12 週齡時，始移到肥育欄，再經歷約 12 週之生長肥育飼養階段，即可達上市之體重。屬（分娩）育成－肥育二段式。

3. 三段式

指分娩－生長－肥育三段式之飼養管理策略。母豬懷孕、分娩、哺乳仔豬至仔豬離乳均圈飼於分娩欄內，此為第一段。仔豬斷乳（體重約 10 公斤）迄體重 45 公斤之生長期階段，為第二段。自體重 45 公斤至上市體重之肥育期為第三段 。 此方式在目前之小型養豬場（副業養豬戶）多採用。

4. 四段式

指乾母豬期、分娩及哺乳期、保育期、肉豬期等四段式之飼養管理方式。

⑴乾母豬期：母豬自離乳後，待配期、懷孕期至分娩前一週之期間稱之。

⑵分娩及哺乳期：自母豬在分娩前一週移入分娩欄後，經歷分娩與哺乳階段迄離乳時之飼養期間稱之。

⑶保育期：仔豬自斷乳後至體重約 16 公斤之育成期間稱之。

⑷肉豬期：自仔豬離開保育期（體重約 16 公斤左右）至屠前上市體重（90～110 公斤）之期間之飼養方式稱之。

5. 五段式

維持四段式之前三段，唯將肉豬期分為體重 50 公斤以前之肉豬前期，以及 50 公斤以後之肉豬後期。其流程圖如下所示：

乾母豬期→分娩及哺乳期→保育期→肉豬前期→肉豬後期

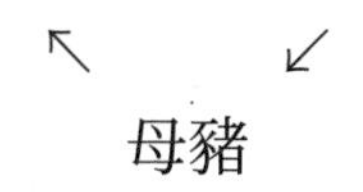

6.六段式

係將五段式分段作業之乾母豬期細分為懷孕前期（待配期）及懷孕期。母豬已確定懷孕後即移至懷孕期飼育。

（二）六段式管理作業各分段之管理要點

1. 待配期：注意觀察母豬之發情及配種之時機。
2. 懷孕期：注意飼養管理以防止流產或死胎等情況發生。
3. 哺乳期：此期之重要工作包括接生、臍帶消毒、剪針齒、剪尾、防止仔豬死亡及促進生長等。
4. 保育期：為仔豬離乳後之階段，應特別注意飼料及消化道之問題。
5. 肉豬前期：促進生長並減少死亡及淘汰之損失。
6. 肉豬後期：應注意控制飼料給予量，育成優良品質之肉豬。

四、養豬經營成本之分析

（一）資本分攤與折舊方式

豬場之投資項目包括土地、勞力、畜舍與設備、豬隻與飼料價格等，其中除了土地與勞力外，其餘項目皆需折舊逐年分攤成本。因此需將豬場之費用區分為兩類，其一為固定費用：包括場內之基本開支，含人事費（員工薪資）、業務費、租金、稅捐、利息、維修、不動產折舊及其他之雜項支出。其二為變動費用，包括飼料費、醫療、動物價格之攤銷等項，會隨其生產量之大小而異。其分攤原則如下。

1.畜舍

依建築材料而異，通常木造豬舍以 10 年計，磚造與水泥以 15 年折舊分攤。

2.種豬身價

一般種母豬平均以 8 胎計算，每胎仔豬應負擔 $\frac{1}{8}$ 母豬身價。而種公豬則以 2～3 年由其仔畜分攤之。為簡化計，可將維持所有公豬之成本，併入母豬群中分攤之。

3.其他設備

按其使用年限分攤成本。

4.折舊之計算

計算之方法包括直線法、生產單位法、混合壽命法、定率遞減法、年數累積法、估計百分比法，以及基金法等，其中以直線法估計折舊最為簡便，其計算方式如下：

（其餘各法之計算方式，請參閱阮喜文，《牧場經營》，p.104）

$$D = \frac{C-S}{N}$$

其中：C 表示資產成本

S 表示估計殘值

D 為每年折舊額

N 為使用年限（或期數）

而折舊率 $r = \frac{1}{N}$

N 為使用年限（或期數）

亦即將資產之原始成本 (C) 減去預估殘值 (S) 後，即為應折舊成本 (C−S)，再除以該資產之估計使用年限 (N)，即為每年或期所分攤之折舊金額。

唯在實際經營時，採行之計算方法仍可依下列原則加以取捨：

⑴凡自然損耗較緩，且不易受科技進步之影響而廢棄之資產，如：畜舍、水塔、辦公設備等，可採用直線法。

⑵凡可以按工計時、量產或能量支出與次數計數等計算之設備，如：種畜及勞資等，則可採用生產單位法。

⑶凡設備本身損耗極快，且易受科技進步而廢棄之資產，如：保溫設備、電腦等，則可應用定率遞減法、年數累積法、估計百分比法等，以便加速折舊。

⑷凡資產設備彼此間具有密切關係，不易或不能分別計算之資產，則可使用混合壽命法。

⑸如考慮資產之更新，並作長期打算時，可採用基金法。

（二）豬隻之成本分析

1.豬隻之成本結構

豬隻之成本結構將因豬場作業之經營模式與畜舍建材成本而有所不同。

⑴豬場作業之經營模式

在肉豬生產成本中，以飼料費所佔比例最多，約達 75～85%，其餘為豬隻成本、勞資、醫藥費用、畜舍折舊，以及其他雜費等；而一貫作業綜合經營之豬場，則建築與設備費約佔總成本的 10～15%。在建築費和設備費支付大且勞資昂貴之地區（或場）加以分析時，飼料費可能僅佔總飼養成本的 57～61%。

⑵畜舍建材成本

茲列舉三場不同畜舍建材成本之豬場為例。甲場係以舊有之畜舍經整修成實心地面之保育舍與肉豬舍。乙場為條狀之保育舍與部分條狀之肉豬舍。丙場則具密閉式豬舍和條狀地板之保育舍以及肉豬舍與母豬舍。

假設此三場經營規模為母豬 100 頭之一貫豬場，並都擁有 32 欄條狀地板之分娩欄，且年產 192 胎仔豬（離乳頭數約 1,440 頭），經成本評估後發現，每生產 45.5 公斤肉豬所需之成本，以丙場最高，乙場次之，而甲場最低。

2. 本益比

豬場經營之獲利率與本益比，最為經營者所重視，一般均以之為評估豬場經營之效率，其計算方式分述如下：

(1)獲利率

係用以衡量投下資金所能獲得之利益比率，其計算步驟包括：

$$單位成本 = \frac{直接費用 + 間接費用}{生產之豬隻頭數或重量}$$

$$單位淨益 = \frac{豬隻售價 + 副產品價值 - 總費用}{生產之豬隻頭數或重量}$$

$$成本獲利率 = \frac{單位淨收益}{單位成本}$$

(2)本益比

指為獲得之一固定單位之利潤，所需投入之資本額，其計算式為：

$$本益比 = \frac{年投資總額}{年獲盈利}$$

五、豬場記錄之保存

製備一詳盡的豬隻生產管理記錄，為成功經營者所應具有之基本理念；尤其是種豬場，其豬場記錄更為重要，舉凡全場之收支狀況、種豬發情配種記錄及母豬之生產記錄（包括：出生日期、分娩胎次、窩仔數及窩重等)、豬隻異動記錄、防疫措施與疾病醫療等，皆應有正確且詳盡之記錄，完善之記錄為選留或淘汰種豬和檢討與考核管理作業流程以及成本分析之依據。其記錄表格之設計可參考後例。

在資訊快速增進之時代潮流，業者已應用許多電腦軟體於種豬生產記錄之管理、餵飼量之控制及豬隻生長之模擬預測等，電子資訊之應用將可提供更完善之管理記錄，以及更迅速之分析結果。

使用電腦管理系統主要之優點，包括：①減少資料作業所需時間；②能快速取得詳細有效資訊，因此有助於經營管理並降低生產成本。

已開發之電腦軟體包括豬場飼養管理系統、豬場繁殖效率診斷系統和豬場經營成本系統。

以下將介紹三個應用電腦軟體之實例。

（一）豬場飼養管理系統

1.建檔工作

⑴公、母豬基本資料。

⑵公、母豬配種資料。

⑶母豬分娩、離乳資料。

⑷仔豬資料。

2.軟體可提供之資訊

⑴日報表資料

①母豬觀察發情及配種資料。

②母豬分娩、離乳及未分娩通知。

③母豬及仔豬轉舍通知。

④仔豬出生、21 日齡及 56 日齡之頭數和體重。

⑤仔豬生長性狀選拔資料。

⑥種豬和仔豬各項防疫計畫（PR、HC、SE、AR 和折癖預防……等）通知。

⑵月報表資料

①全場豬隻總頭數。

②母豬分娩和離乳月報。

③公豬配種受胎和分娩月報。

④各品種母豬配種和分娩月報。

⑤不同配種方式之配種和分娩月報。

（二）豬場繁殖效率診斷系統

軟體可提供之資訊如下。

1.影響種豬場母豬繁殖能力因素。

2.母豬離乳至配種間距。

3.母豬配種後 25 天和 45 天之受胎率和分娩率。

4.公豬配種後之受胎率和平均產仔數。

5.新母豬之初配日齡和分娩日齡。

6.母豬淘汰率。

7.仔豬離乳育成率和死亡率。

（三）豬場財務管理系統

1.建檔工作

⑴自配單味原料、各種完全飼料、藥品等之進貨量及單價。

⑵支付各項人事費、水電費及其他費用。

⑶豬隻出售數量與金額。

2.軟體可提供之資訊

⑴豬場生產效率分析。

⑵直接成本之各項比例。

⑶豬場投資和產銷記錄。

⑷生產成本與飼料效率趨勢圖等。

（資料來源：《豬場電腦化管理系統簡介》，臺灣養豬科學研究所）

▶表 5-3　母豬配種登記表範例

舍／欄	品種	耳號	已產胎數	離乳日期	配種日期	與配公豬	配種次第	前次配種日期	預定分娩日期	再配日期

（資料來源：沈添富、林明順、魏恆巍、徐淑芳，《畜牧學實習手冊》，華香園出版社，p.100）

▶表 5-4　種母豬生產記錄卡範例

填表單位：　　　　　　　　　　　　　　　　　　　　　　年　　月　　日到場
第＿＿號　　民國　　年　　月份　　　　產地＿＿父＿＿品種＿＿　　　　預定飼養至　　年　　月
填報日期：　民國　　年　　月　　　　　耳號＿＿母＿＿出生日期＿＿＿　　　乳頭數／

胎次	受孕					分娩									離乳						分娩前體重	離乳後體重	記錄者	現在欄別
	日期			配種公豬		預定			實際			活仔豬		死仔豬	日期			頭數		體重（公斤）				
	年	月	日	品種	名號	年	月	日	年	月	日	♀	♂		年	月	日	♀	♂					
1.																								
2.																								
3.																								
4.																								
5.																								
6.																								
7.																								
8.																								
9.																								
10.																								
11.																								
12.																								
13.																								
14.																								
15.																								

（資料來源：沈添富、林明順、魏恆巍、徐淑芳，《畜牧學實驗手冊》，華香園出版社，p.101）

▶表 5–5　種畜場配種生產卡範例

（正面）

耳號：　　　　　　　　名號：　　　　　　　　胎次：

種號：

配種次數	1.	2.	3.	4.
配種日期				
配種公畜				
再發情日				
預產日期				

分娩日期：　　　　　　　　仔豬數：活♂　　♀　　死♂　　♀

	鐵　劑	教槽料	去　勢	3 週齡	免　疫
預　定					
實　際					

離乳數：♂　　♀　　　　育成率：　　整齊度：

（背面）

No.	耳　號	性　別	乳　頭（左／右）	出生重	三週重	去　勢	備　註
1.			／				
2.			／				
3.			／				
4.			／				
5.			／				
6.			／				
7.			／				
8.			／				
9.			／				
10.			／				
11.			／				
12.			／				
13.			／				

（資料來源：沈添富、林明順、魏恆巍、徐淑芳，《畜牧學實習手冊》，華香園出版社，p.102）

▶表 5-6　種豬畜牧工作月報表

填報單位：＿＿＿＿＿＿
第＿＿號　民國　　年　　月份
填報日期：民國　　年　　月　　日

單位：頭、公斤

豬隻別／項目	種豬 母豬 本月 雜種	種豬 母豬 本月	種豬 母豬 本月 計	種豬 母豬 本年累計	種豬 公豬 本月 杜洛克	種豬 公豬 本月 藍瑞斯	種豬 公豬 本月 約克夏	種豬 公豬 本月	種豬 公豬 本月 計	肥育仔豬 本年累計	肥育仔豬 肉豬 本月	肥育仔豬 肉豬 本年累計	肥育仔豬 仔豬 本月 胎數	肥育仔豬 仔豬 本月 頭數	肥育仔豬 仔豬 本年累計 胎數	肥育仔豬 仔豬 本年累計 頭數	本月合計	本年累計
期初																		
加項 生產(分娩)																		
加項 撥入																		
加項 轉入																		
計																		
減項 撥出																		
減項 轉出																		
減項 淘汰出售																		
減項 死亡																		
減項 淘汰撲殺																		
計																		
期末																		
飼養總頭數																		
飼養總隻日數																		
平均飼養頭數																		

記事或檢討	
下月離乳(5天)頭數	
上旬	
中旬	
下旬	
計	

撥出情形

肉豬場 場別	計畫 本月	計畫 本年累計	實際 本月	實際 本年累計	總體重 本月	總體重 本年累計	其他 對象	計畫 本月	計畫 本年累計	實際 本月	實際 本年累計	總體重 本月	總體重 本年累計	對象	計畫 本月	計畫 本年累計	實際 本月	實際 本年累計	總體重 本月	總體重 本年累計
計																				

類別	混合飼料用量 本月	混合飼料用量 本年累計	青飼料用量 類別	青飼料用量 本月	青飼料用量 本年累計
種公豬					
種母豬					
仔豬(56天內)					
肉豬(57天以上)					
計					

豬舍溫溼度		
溫度	最高	
	最低	
	平均	
溼度	最高	
	最低	
	平均	

區分	員工	散工	計
直接人員			
間接人員			
本月使用豬舍棟數	種豬	肥育仔豬	

離乳(56天)實績 項目	本月	本年累計
胎數		
總頭數		
平均頭數		
總窩重		
平均窩頭		
內週離乳胎頭		

月底在場肉豬 生後日齡	頭數	總體重
76天以內		
77～120		
121～150		
151～180		
181天以內		
計		
肥育仔豬增重斤量	本月	本年累計

（資料來源：沈添富、林明順、魏恆巍、徐淑芳編，《畜牧學實習手冊》，華香園出版社，p.103）

六、豬場人事管理與考核

豬場經營的目的，在於獲取最大的利潤，而動物生產工作者必需隨時克盡己責，不可須臾鬆懈，故其工作分量之調整與工作熱忱之維持十分重要 。 經營者對其所屬員工之職責與獎懲應有明確之考核制度。其考核項目可依豬場之經營型態與豬隻生產業績自行擬訂，包括仔豬之育成率（離乳或上市）、離乳體重、仔豬死亡率、隻日增重、母豬配種之受胎率或年產仔豬頭數等項目。對於生產績優之工作人員應給予工作獎金或其他方式獎勵，始能激發工作情緒與熱忱。如此，員工士氣之提昇不惟可提高生產效率，並可減少豬隻不必要之折損，對於豬場之業務之增長具有正面的效益。

實習四
豬舍設計與設備

一、學習目標

（一）瞭解豬舍設計之要點。

（二）瞭解豬舍內設備之種類及其功用。

二、學習活動

（一）豬舍之設計

1. 目的

⑴瞭解豬舍規劃之要點，並能繪製畜舍之平面圖。

⑵列出養豬設備之要項名稱。

2. 說明

⑴豬舍建造應考慮

①通風良好，採光充足，並合乎衛生條件。

②建材儘可能經濟、耐用、安全、防溼、防熱，並方便消毒之操作。

③座向宜向南或向東南，使冬暖夏涼。

④地基應排水良好。

⑵畜舍的長寬或面積

①公豬舍：應個別飼養，每欄 1 隻。長 380 公分；寬 217 公分；高 120 公分。

②待配舍與妊娠母豬舍：個別飼養。長 370 公分；寬 147 公分；高 110 公分。

③分娩舍：每欄 1 隻，並含仔豬 1 窩。長 320 公分；寬 180 公分；高 100 公分。

④保育舍：每欄 10 隻。長 480 公分；寬 180 公分；高 50 公分。

⑤生長期肉豬舍：每欄 10 隻。長 420 公分；寬 360 公分；高 90 公分。

⑥肥育期肉豬舍：每欄 10 隻。長 440 公分；寬 360 公分；高 90 公分。

⑶豬舍的形式

①密閉式：需有完善的通風設備。目前在臺灣較少此種形式之畜舍較少。

②半開放式或前開式 (open-front) 豬舍 ： 此類豬舍具有窗戶或部分之圍牆之設計，包括有分娩舍與保育舍之建築。

③開放式豬舍：包括公豬舍、懷孕母豬舍、生長期豬舍、肥育期豬舍。

（二）豬舍內之重要設備

1. 目的

瞭解養豬所需之主要設備與其安置與維護方法。

2. 說明

⑴飼槽：種類很多，依其材質與用途之不同而異。

①圓形飼槽：鐵製。

②自動給飼之單槽式飼槽：有鐵製與塑鋼製。

③多槽式：鐵製或水泥製。

⑵飲水器

①飲水杯（缽式）。

②乳頭式飲水器。

③飲水槽。

⑶地板

①實心地面：含泥土與水泥地面。

②條狀地面：常用的材質有水泥柱、鐵條（圓形、T 字型或三角形）、網狀等。

③半條狀地面。

⑷分娩架：需有保溫及預防擠壓仔豬之設計。

⑸其他設備：採精用假母臺、通風設備（風扇、抽風機等）、降溫設施、保溼設備、運輸設施（上豬臺、臺車等……）、藥浴池、消毒設備、屍體焚化爐、飼料散裝桶及其他的自動設施等。

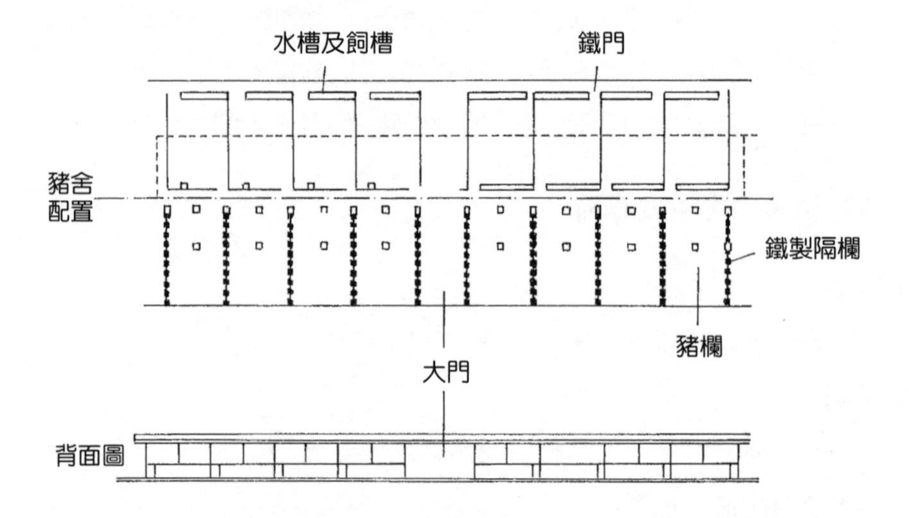

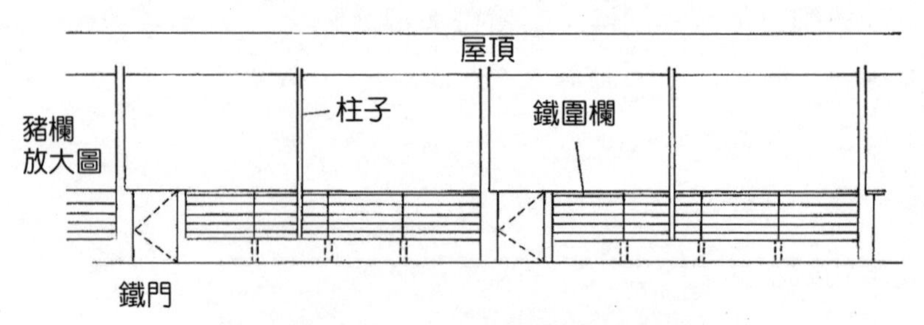

▶圖 5-2　生長肥育豬舍配置範例

（資料來源：陳立人，《溫熱帶養豬學》，藝軒圖書出版社，p.122）

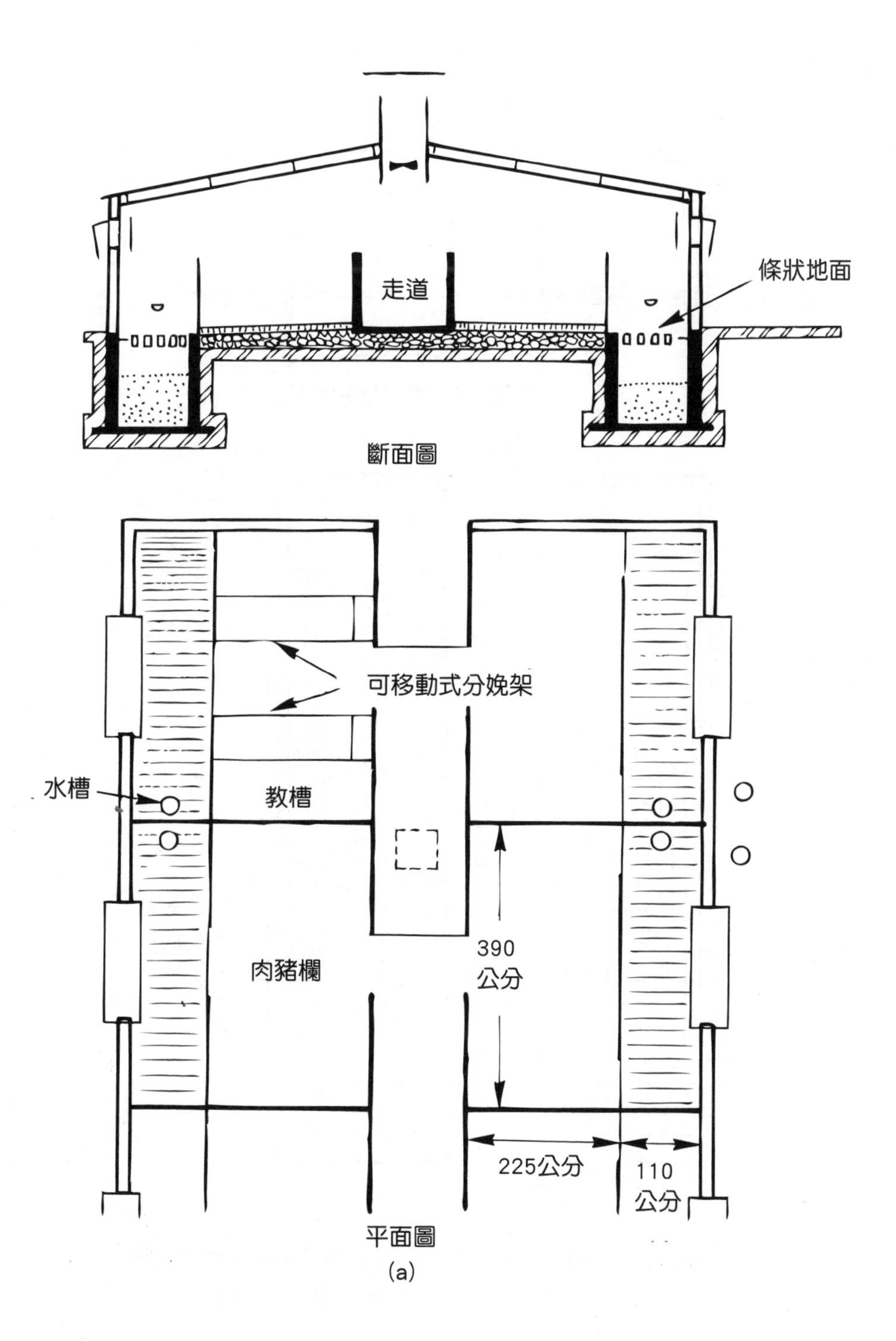

(a)

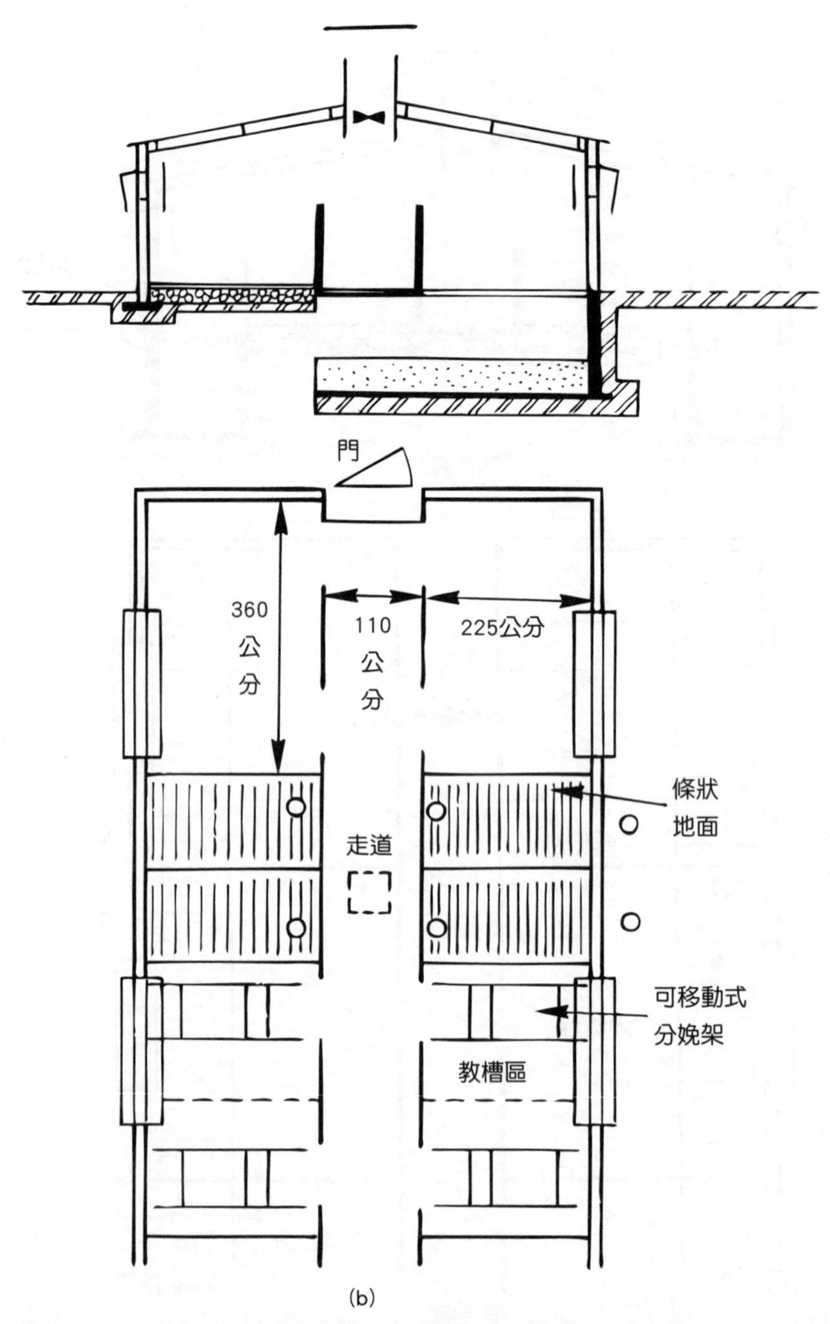

▶圖 5–3　分娩到肉豬後期在同一地點之豬舍範例 (a) 設計一　(b) 設計二

（資料來源：夏良宙，《豬舍策畫》，臺灣養豬科學研究所，p.170）

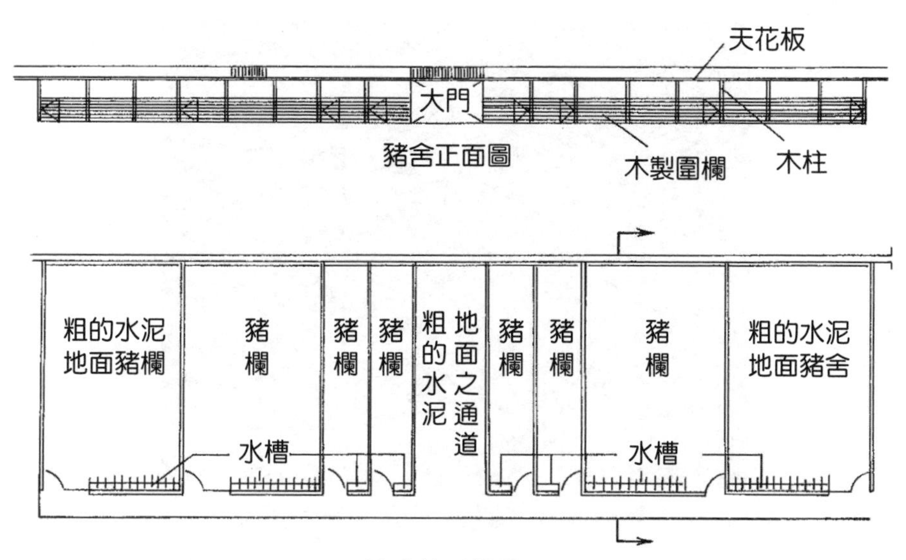

▶圖 5-4　待配母豬舍及懷孕母豬舍之配置範例。公豬可單獨圈飼於近走道之豬欄中

（資料來源：陳立人，《溫熱帶養豬學》，藝軒圖書出版社，p.121）

木條
open
水泥漆
側面圖
磚
分娩架
離乳仔豬欄
通道
分娩架
豬舍配置
水槽

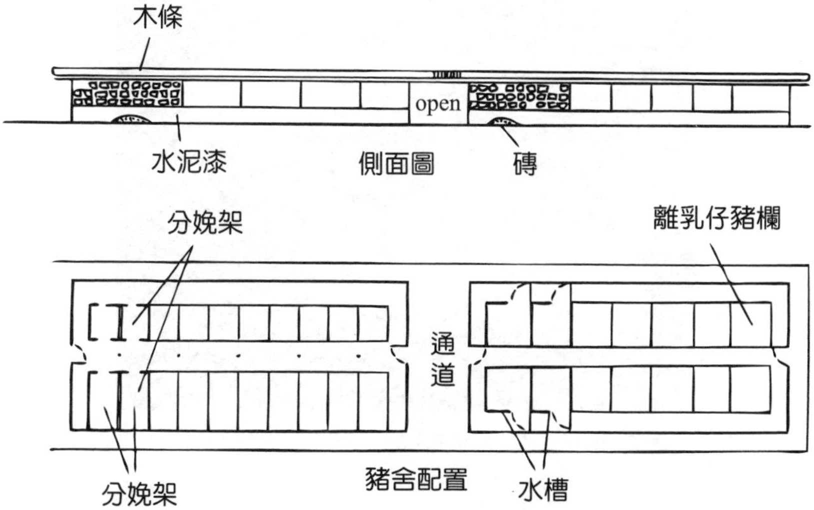

▶圖 5-5　分娩舍，哺乳及離乳仔豬舍之配置範例

（資料來源：陳立人，《溫熱帶養豬學》，藝軒圖書出版社，p.121）

▶圖 5-6　電磁式自動給飼設備

（翔懋公司提供）

▶圖 5-7　條狀地面與豬隻的冷熱水控溫板

（翔懋公司提供）

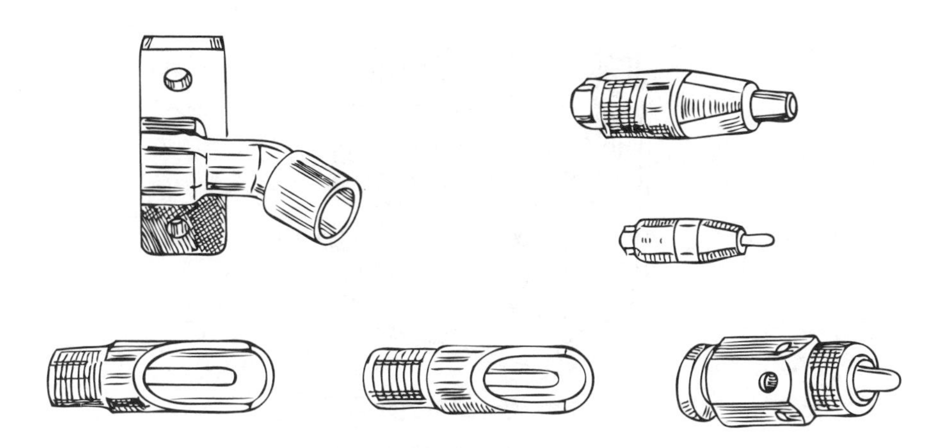

(a)各種不同乳頭式飲水器及飲水器座

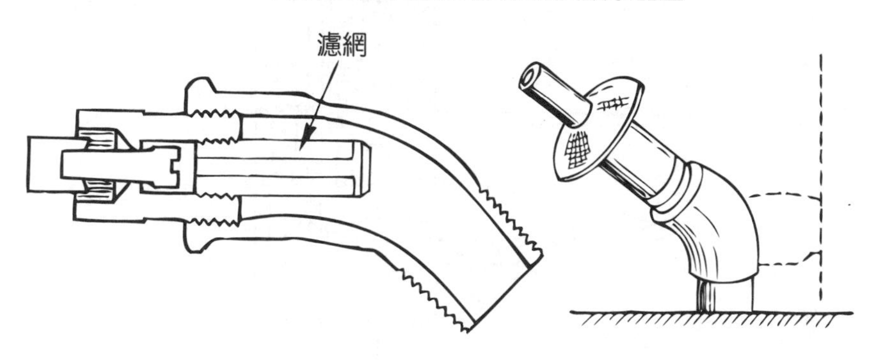

(b)乳頭式飲水器之一種　　(c)另一型式之吸管式飲水器

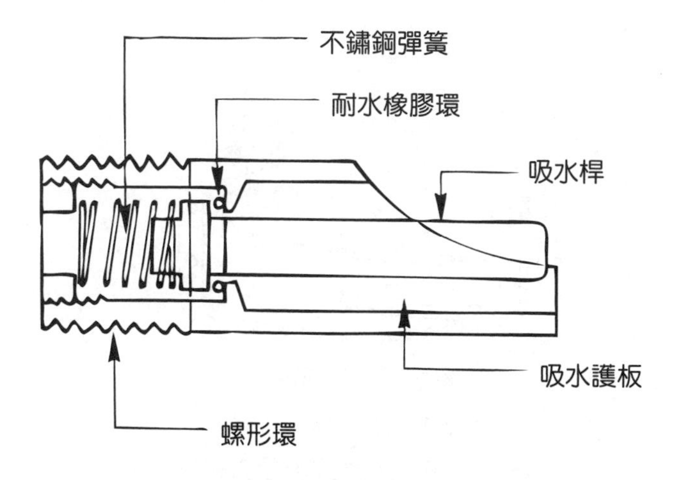

(d)乳頭式飲水器之設計

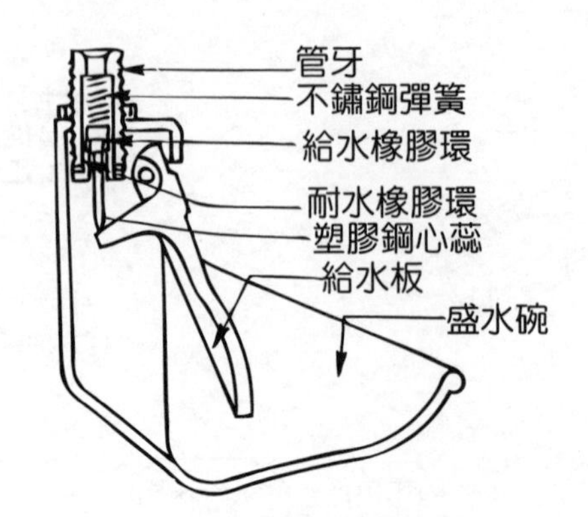

(e)水碗式飲水器斷面圖

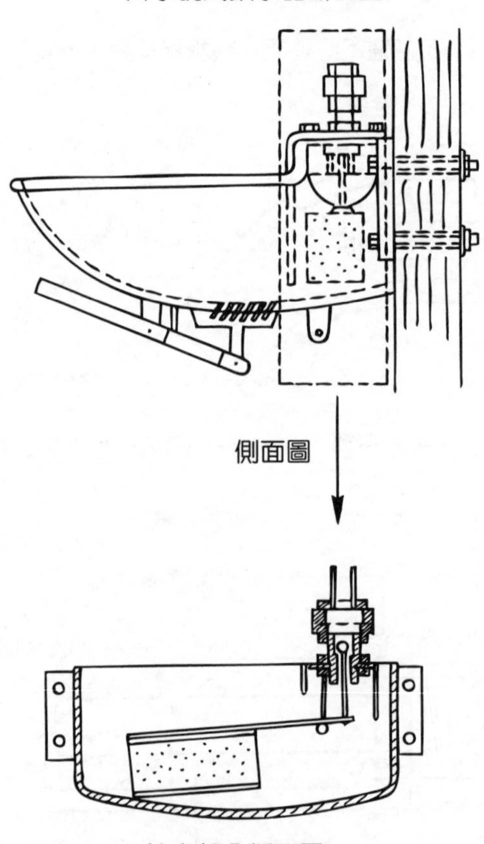

給水部分斷面圖

(f)水碗式飲水器之一例

▶圖 5–8　豬隻飲水設備範例

（資料來源：夏良宙，《豬舍策畫》，臺灣養豬科學研究所，pp.154～158）

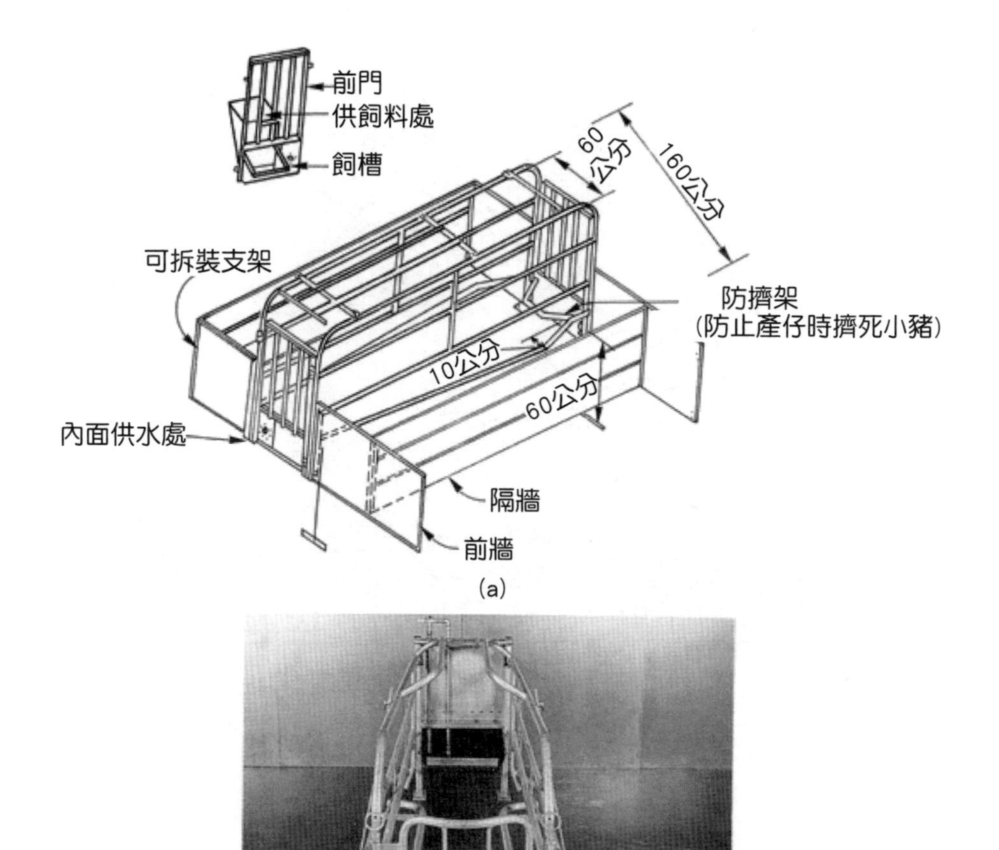

▶圖 5–9　分娩欄架設計範例

（資料來源：(a) 夏良宙，《豬舍策畫》，臺灣養豬科學研究所；(b) Porcon Co., Netherland）

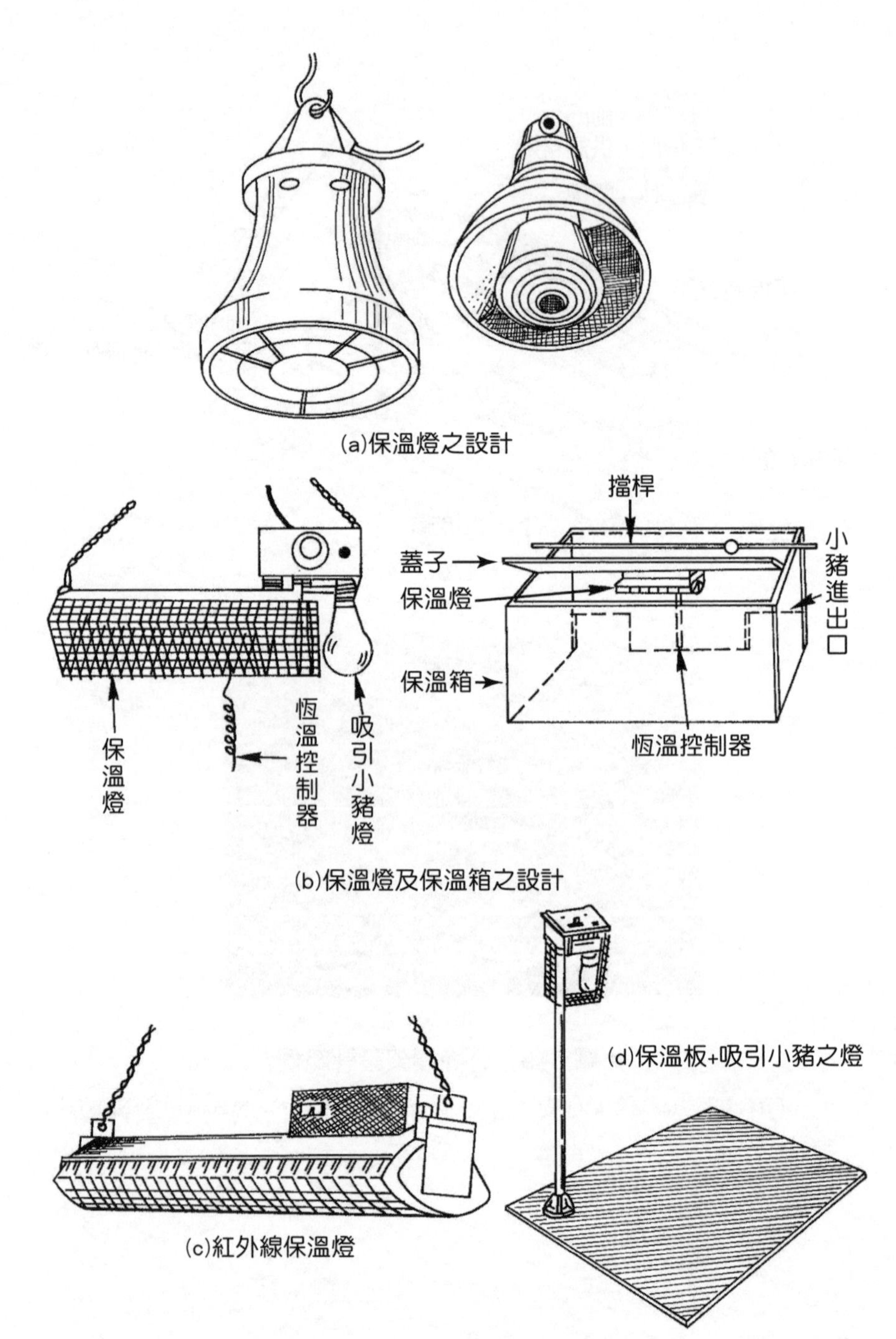

▶圖 5–10　仔豬保溫燈形式

（資料來源：夏良宙，《豬舍策畫》，臺灣養豬科學研究所，pp.112～113）

▶圖 5-11　飼料散裝桶

▶圖 5-12　動物屍體焚化爐設備

習題

一、是非題

(　) 1.養豬場設備之折舊計算方法中，以直線法最為簡便。

(　) 2.目前臺灣的養豬戶，仍持續在增加，且主要是小場的數目增多之故。

(　) 3.時下之養豬場設備已日趨自動化經營。

(　) 4.豬舍建築之方向以坐東向西為佳。

(　) 5.在計算種母豬成本分攤時，通常其使用壽命以 8 胎計算。

二、填充題

1.豬場內，畜舍配置的方式主要有：①______②______。

2.豬舍內地板之材質主要有：①______②______③______④______⑤______⑥______。

3.豬場設備折舊計算方式中之直線法之計算式為______。

4.豬舍建築之形式大約可區分為：①______②______③______三種。

5.畜舍地點之選擇應考慮之要點為：①______②______③______④______⑤______。

三、問答題

1.實際經營豬場時，其設備折舊之攤算方法，應以哪些原則來取捨？

2.試述豬舍規劃之基本原則。

第六章　豬場衛生

一、豬場周圍環境之清潔與消毒

豬場周圍環境之清潔與否，可直接或間接影響豬隻健康。凡所有工作人員、車輛、豬隻之進出皆會經過豬場之周圍，且豬場周圍環境的蚊蠅、蟑螂、老鼠、野貓等亦會影響豬隻健康，故其周圍環境之清潔與消毒十分重要。

(一) 豬場出入口之門禁管制與消毒工作為最重要之一環。為預防進出之人員、車輛將別場的病原帶入豬場中，所有進出人員、車輛均須實施消毒。在入口處設立更衣與換鞋室、消毒池，並備有洗手之消毒水，任何人員進入都需更衣、換鞋、洗手、通過消毒池後才可進入場內。而車輛則必需通過車輛消毒池及車體噴霧消毒才可進入。

(二) 溝渠應保持暢通、貯糞池須加蓋、廢汙處理設施之清潔保養、豬場周圍環境雜草的刈除清理等等，皆可減少蚊蠅之孳生。

(三) 飼料應妥善儲存收藏，以減少老鼠之汙染與損害。

(四) 死豬、胎衣等應掩埋妥當或焚化，可減少野貓、野狗侵入挖掘或覓食。

二、豬舍及設備之清潔與消毒

豬舍之清掃最好能每天實施，可趁機觀察獲知前一日豬隻之排糞狀況是否正常，並明瞭豬隻動態情形。豬舍清掃最好於每天早晨餵飼前實行，應先將被汙染之墊料及糞便清出飼槽，再以清水刷洗。豬舍如經常保持清潔，可減少疾病之發生。

豬舍之消毒須制度化並徹底實施，完善的豬舍消毒，可依豬隻類別、豬舍狀況及豬隻移動情形而分為下列方式實施。

（一）定期消毒

每欄只飼養一頭且移動性較少的豬隻，如待配期、懷孕期的母豬以及種公豬等，其豬舍之清潔較易維持，通常每月定期消毒一次即可。

（二）定期與不定期消毒合併實施

在分娩、保育及生長肥育舍，因每欄中豬隻頭數較多，且豬隻移動頻繁，故消毒措施更需加強，以減少疾病之發生及傳染。所以在每月定期消毒之外，在豬隻移欄後，將空欄內外徹底清洗消毒。

（三）其他

若豬隻飼養採統進統出者最為理想，當豬隻整批移出後，必需將豬舍作徹底的消毒，經短期的空欄後再整批進豬，如此對打斷病原感染的控制效果較好。

消毒時，須先以 2～3% 鹼水浸潤豬舍，經刷子刷洗後，再用清水洗淨，待豬欄完全乾燥後，再以消毒液作噴霧消毒即可。

三、豬隻之衛生管理

豬隻之衛生管理良否，與豬隻疾病之發生有很大相關性。雖然現今醫藥發達，但對於豬場之經營者而言，經濟效益為最重要之經營目標。有些疾病在治癒後會造成發育不良、生長緩慢，可能增長了肥育所需時間，因而增加養豬成本而喪失其經濟效益。故需有營養、育種、飼養管理、豬舍設備及醫藥設備等各方面衛生條件之配合，方能維護豬群之健康。

以下就各期豬隻之衛生管理，分述如下。

（一）種公豬之衛生管理

1. 種公豬需個別欄飼，每月均需定期消毒欄舍。
2. 公豬舍應通風且涼爽，地面應平整但不光滑，以防公豬滑倒受傷。欄牆亦應加高，以免公豬常以前肢趴越，較易造成腿部受傷之情形發生。
3. 公豬體表應常洗刷以保持清潔，內外寄生蟲亦應定期驅除，獠牙及蹄趾亦需適當之修剪以防配種時影響母豬。
4. 人工授精用之公豬，應特別注意採精的衛生及局部清潔與消毒之工作。
5. 公豬之精液應定期檢查，並適當控制配種之使用次數。

（二）待配及懷孕母豬之衛生管理

1. 新舊母豬在配種前均需驅蟲，並有適當之隔離，以防再感染。
2. 懷孕母豬應分欄個別飼養，以免打鬥引起流產、死胎。豬欄及器具均需保持清潔，每月定期消毒。豬隻排泄物亦應每日清除。
3. 母豬於分娩前應驅除內外寄生蟲兩次，一次於分娩前三週，另一次在分娩前一週實施。
4. 若豬隻發生食慾不振、體溫升高、排泄物異常或有其他症狀時，應立刻予以隔離觀察與治療，其豬欄應徹底清潔消毒。

（三）分娩母豬及哺乳仔豬之衛生管理

1. 懷孕母豬進入分娩舍前，應以肥皂水或溫水將全身洗淨，尤其需注意腹部及乳頭之清潔。分娩欄亦需徹底清潔消毒。
2. 購入新母豬時，因由外買入之初產母豬缺乏新環境應具有之抗體，易因管理不當，而使其仔豬感染大腸桿菌症。
3. 分娩舍應避免高溫潮溼，否則易造成母豬食慾減退、激素分泌失調，造成母豬分娩延遲、乳量不足，進而使仔豬體力衰弱。
4. 剛出生之仔豬應剪臍帶，並以碘酒消毒傷口。剪完針齒後再協助其吸吮初乳。
5. 仔豬全部生出後約一小時，母豬排出胎盤後，應立刻將胎盤取出，以免被母豬食入造成感染。
6. 母豬產後應以溫和之消毒液沖洗其陰戶，做好產後消毒。
7. 母豬產後應注意 MMA 症候群即乳房炎 (mastitis)、子宮炎 (metritis) 與泌乳不良 (agalactia) 之防治，一有症狀即隔離治療，並消毒現場。
8. 仔豬於剪耳號與去勢之後，均需注意消毒並保持豬欄之清潔。
9. 仔豬於 3 週齡至離乳期間，需進行內寄生蟲之驅蟲工作。

（四）早期離乳與仔豬之衛生管理

1. 仔豬離乳應依其發育及採食飼料之情況而定，目前通常採行 4 週齡早期離乳。但離乳時極易因緊迫而發生下痢，最好能分批進行離乳，先由體重 5.4 公斤以上之仔豬開始，每 2～3 日挑選體重大者進行。
2. 離乳時限飼 48 小時，且欄舍之溫度應保持在 27～29 °C，並防止賊風及欄舍潮溼，如此可減低下痢之發生率。
3. 保育舍宜採用高架床面，較容易保持乾燥且疾病之控制較容易。

4.發育較差的仔豬應集中飼養，與同窩之仔豬分開，並於飼料及飲水中適量加營養添加劑，以維持最佳之生長環境，若仍無法獲得改善，則應予以淘汰，以免增加飼養成本。

（五）生長肥育豬之衛生管理

1.豬隻併欄飼養初期常有打鬥之情形發生，愈健康之仔豬打鬥愈凶，為預防打鬥可採行以下之措施。

⑴併欄後可使用有氣味的消毒水噴灑豬體及豬舍，以掩蓋來自不同胎的仔豬體臭氣味。

⑵併欄之初，光線宜昏暗，使豬隻不易辨認打鬥之目標，減少打鬥機會。

⑶最初 1、2 日應限食，並將飼料散於地面餵食，可防止豬隻為爭奪進食位置而打鬥，並可防止較弱之豬無法飽食，而較強之豬攝食過量。

2.豬隻打鬥受傷時應以碘酒消毒傷口，以防止感染。

3. 12～14 週齡時，進行內外寄生蟲之驅除；外寄生蟲之驅除工作應定期施行，可於清洗豬體後以牛豬安噴灑之。

4.豬隻發生疾病時，應立刻隔離治療以杜絕傳染，且發病之豬欄應徹底清洗消毒。

四、豬隻防疫計畫

臺灣豬隻飼養密度頗高，若干傳染病一旦發生，必有重大之經濟損失，故對於疾病之預防實重於治療。而疾病之預防除了減少環境中之致病因素之外，亦需增強豬隻本身之抗病力。所以必須建立一個完整健全之豬隻防疫計畫。各期豬隻之防疫計畫流程如下圖 6–1 所示。

（一）疫苗使用應注意事項

1.活毒疫苗不能用於懷孕母豬。

2.不可自行將疫苗任意混合使用。

3.正確的免疫須配合正確的計畫和應用之免疫適期。

4.使用前應檢視有效期限。

5.死毒疫苗應保存於 2～7 °C，使用前須搖均勻，防止沉澱。

6.活毒疫苗一般經由冷凍乾燥所製成，須冷藏；並依照廠商指定之稀釋液稀釋使用。

7.疫苗並非萬靈丹，維持良好之畜舍環境衛生始為第一要務。

（二）活疫苗和死毒疫苗之製備和優點

1.製備

⑴活毒疫苗：係利用動物接種或人工培養等方式，經連續繼代或應用化學藥劑處理，使病原性減低或消失而製成之疫苗。

⑵死毒疫苗：係應用各種化學藥品如福馬林將病原殺死或不活化，但仍保存其免疫抗原特性之方式所製備而成。

2.優點

⑴活毒疫苗

①免疫性強且持續時間長。

②發生過敏反應機會較少。

③病毒性疫苗可能誘發體內產生干擾素。

⑵死毒疫苗

①安全且不易恢復病原性。

②容易保存及運輸。

	4月齡	7月齡（種豬）	母豬空胎時	配種	懷孕70天	懷孕84天	懷孕90天	懷孕100天	初生未吮初乳小豬	2日以內	1週齡	3週齡	4週齡 28天斷乳	6週齡	8週齡	11週齡	上市場 90~100公斤	種公豬
驅蟲	√						√							√				
大腸桿菌口服疫苗						√		√										
萎縮性鼻炎 ②											√		√					
萎縮性鼻炎 ①					√		√					√		√				
豬丹毒		√	√ 半年1次											√				√ 每年1次
放線桿菌胸膜肺炎（間隔2-3週）②																√ 完成2次		
放線桿菌胸膜肺炎（間隔2-3週）①												√		√				
病毒性胃腸炎 ③								肌肉注射			口服	口服						
病毒性胃腸炎 ②								肌肉注射		口服								
病毒性胃腸炎 ①						肌肉注射		口服										
日本腦炎		√	√ 每年1次															使用前2次
假性狂犬病		√ 完成2次				√ 每胎									√	√		√ 半年1次
豬瘟 ②												√		√				√ 2歲後
豬瘟 ①		√	√ 每年1次						√									√ 2歲後

①②③表示不同免疫方法

▶圖 6-1　種豬場驅蟲及各項疫苗之防疫計畫流程

（資料來源：翁仲男、朱瑞民、賴秀穗、劉振軒策畫，《豬隻各類疫苗之正確使用方法》，臺灣養豬科學研究所，國立臺灣大學編印）

（三）疫苗免疫失敗的原因

1. 豬群（整個豬群的免疫力沒有建立起來之原因）

(1)疫苗不含特定抗原。

(2)疫苗的抗原劑量不夠（稀釋）。

(3)疫苗的處理、運輸或貯藏不當（如冷凍、日曬或過期等）。

(4)使用化學消毒藥劑消毒針頭與針筒。

(5)混合感染。

2. 母豬（單一個體母豬不產生免疫力之原因）

(1)疫苗沒有被吸收是先天性個體差異。

(2)疫苗注射在脂肪組織內。

(3)緊迫干擾抗體形成。

(4)移行抗體之干擾。

(5)抗原劑量不夠。

(6)針頭汙染，把其他病原帶進體內。

(7)營養缺乏。

3. 仔豬（仔豬無法產生或保持免疫能力之原因）

(1)仔豬過度虛弱（營養缺乏或感染其他疾病）。

(2)豬舍衛生條件太差。

(3)緊迫。

(4)移行抗體之干擾。

（資料來源：翁仲男、朱瑞民、賴秀穗、劉振軒策畫，《豬隻各類疫苗之正確使用方法》，臺灣養豬科學研究所，國立臺灣大學編印）

五、豬舍常用之消毒劑種類及用途

（一）離子介面消毒劑 (detergent)

1.陰離子表面清潔劑

以肥皂為主，消毒力弱，但可清除黏附於皮膚汙垢中之細菌。

2.陽離子表面活性劑

以四級胺鹽化合物為主。

(1)氯化羥基二甲苯胺 (Benzalkonium Chloride)：殺菌力強，無色、無臭、無刺激性，有去垢、去臭作用，但需在無肥皂、無有機質之環境下才有較好之效果。

(2)陽性肥皂 (Benzethonium Chloride)：可用於皮膚、黏膜、飲水槽等之消毒殺菌。但其對細菌之芽胞無效，且對病毒之效力亦差。

（二）鹵素類消毒劑

1.碘 (Iodine)

能滲透進細菌細胞內影響細胞之代謝作用，但對動物組織有較大之刺激性。碘之水溶性很小，故必須加 KI 或 NaI 以形成 I_3 離子才能溶於水，常用之碘酒及碘水溶液即是以 I_3^- 之型式配成。

Iodoform (CHI_3) 可放出碘而殺菌，其本身為粉末狀，故常用為傷口之撒布劑。

碘亦可與一些有機物形成複合物，例如碘可與水溶性之polyvinylpyrrolidione (P.V.P) 形成氮圜碘化物，可用於畜舍飲水、傷口、皮膚、產科等消毒，其對格蘭氏陽性菌及陰性菌皆有效。但不可接觸鹼液與還原物質，否則即失效。

2. 氯 (chlorine)

氯本身具有殺菌作用，飲用水常以此劑作為消毒劑。

次氯酸鹽亦具有殺菌作用，一般之漂白粉或漂白水即屬此類，其在中性及酸性下效力最佳。

（三）醇類 (alcohol)

以乙醇最為常用，可作為防腐殺菌劑，70% 乙醇消毒力最強，而稀酒精則具有防腐作用。

（四）金屬化合物類

1. 汞化合物

無機汞化合物具有抗菌作用，但其作用僅為抑菌而非殺菌。

有機汞化合物是汞與碳之間有鍵結之化合物。一般而言，有機汞化合物之抗菌力較無機汞化合物強，效力佳、毒性低、刺激小。Mebromin 是使用最為普遍之有機汞化合物，其水溶液即俗稱之紅藥水。適用於皮膚、黏膜與傷口之消毒。

2. 銀化合物

在稀濃度時呈抑菌作用，高濃度時則有殺菌作用。硝酸銀是此類化合物中構造最簡單者，可溶於水，對格蘭氏陽性菌很有效果。

（五）煤焦油類

1. 酚 (Phenol)

為早期作為無菌外科防腐劑，其殺菌作用與細胞膜之穿透性有關，其在高濃度時可使細胞壁破裂，低濃度時可使細胞質流失。5% 濃度經 48 小時可能殺死炭疽芽胞，而 4% 溶液則用於器械之消毒。

2. 煤餾油酚 (Cresol)

為細菌原生質毒，殺菌力強，對病毒較差，對芽胞無效，在有機物存在情況下亦不甚影響殺菌力，可用於畜舍、水溝、糞汙、車輛、牧地與發病現場等之消毒。

（六）氧化劑

1. 雙氧水

即為 3% H_2O_2 之水溶液，其氧化作用具有輕度殺菌作用，可用於深部創傷之消毒。

2. 高錳酸鉀

以 1：1,000 或 1：3,000 溶液對創傷組織刺激性小，且可作為除臭之用。以 1：5,000 可用於陰道或子宮之清潔消毒。

（七）甲醛類

福馬林為 40% 的甲醛溶液，2～4% 福馬林溶液可殺死結核桿菌與病毒，通常用於器械及標本的消毒保存，有時亦用於腐蝕組織或蹄趾間贅生角質。

（八）鹼液

為氫氧化鈉 72～94% 之水溶液，可殺滅寄生蟲卵、芽胞及結核桿菌。以 2% 熱溶液用於一般消毒，5% 溶液用於炭疽消毒，有強效清潔作用，多用於洗滌畜欄、地面、牆壁以及用具之消毒。

（九）生石灰

可在豬舍內外廣泛使用，用於糞汙、牆角與走道等殺菌之外，並具有滅蛆、驅蚊蠅與去除臭味等作用。

▶表 6-1　養豬經營所使用的消毒劑特性

藥劑名	使用法	使用對象	性質									市售品名
			酚系數	消毒力	因熱的變化	pH	酸與鹼共存時的變化	遇硬水的變化	與蛋白質共存	毒性	注　意	
甲酚肥皂液	3% 水溶液	手腳、器具、機械、手術	約 2	3% 溶液對無芽胞菌有效，對芽胞無效	作為消毒藥使用的 60～70 °C 時無變化	鹼性	酸：消毒力減少 鹼：幾無變化	不易溶於水，失效	效果幾無減少	比硫酸毒性少	與酸、鹽類混合時，甲酚游離，效力減少	甲酚肥皂液
鄰位劑（以 Di-chlorobenzen 為主成分者）	2～3% 水溶液	殺蟲、殺蛆、豬舍、踏水槽	8～15	對無芽胞菌強。對球蟲的卵囊有消毒效力	同　上	鹼性	含有甲酚與乳化劑，與甲酚肥皂液相同	同　上	同　上	比甲酚肥皂液弱	同　上	コックトーン ネオ・クレハソール タナベソール ヤシマソール
陽離子肥皂	100～1,000 倍水溶液	豬體噴霧消毒 手術創傷面的消毒 器具的消毒	20～60	對無芽胞菌有效	同　上	弱鹼性	遇酸消毒效力減少	不混合起沉澱	消毒效力減少	非常小	有有機物、酸的存在時，消毒效力減少	パコマ　トシニウム オスバン　ハーレス アンチヅャーム・20 セプトール クリニゾール
兩性肥皂	300～2,000 倍水溶液	手指、器具、豬體噴霧	80～90	同　上	同　上	以 1% 溶液，中性	對酸、鹼弱	幾無變化	同　上	同　上	同　上	アリバンド タナザール 「北研」ゼット ハイボール エイトール ベルベン　スイバー トミアミン，バステン
生石灰	加適量的水，以消石灰使用	土壤、運動場的消毒，塗布於豬舍床面			遇強熱生石灰變消石灰，於 60～70 °C 起變化	鹼性	遇酸消毒效力消失	無變化	無變化	皮膚的腐蝕	消石灰與空氣中的 CO_2 作用而消失消毒效力，故需重新調整	
碘仿	100～1,000 倍水溶液	豬舍、手指、子宮洗淨、飲水	約 10	對芽胞有效，對蛔蟲卵有效，低溫時效力不變	60 °C 以上昇華，效力減低	酸性	對鹼弱	同　上	強	較少	儲存於遮光容器，避免與鹼性製劑混合	クリンナップ リンドレス
酚誘導體	1～2% 水溶液	手腳、豬舍器具機械排水溝	約 10	比甲酚肥皂液的消毒力強，對芽胞無效	60～70 °C 無變化	鹼性	對酸弱，消毒力減少	對硬水強，效力不變	幾無變化	比甲酚肥皂液弱		ワンストロー クエンビ ロン クミアイ・エンビロン

（資料來源：橫關正直原著，歐文華編譯，《養豬的消毒科技》，現代畜殖雜誌社，p.25）

實習五
豬場防疫之實施

一、學習目標

（一）瞭解養豬場一般防疫措施的重要性。

（二）瞭解防疫之要點及實施方法。

二、學習活動

（一）實施豬舍之消毒與安排豬場內之衛生防疫工作。

（二）熟記豬場之一般防疫措施。

（三）說明

1. 豬場進出門戶之防疫：包括參觀或工作人員之衣物與鞋子之更換與車輛之消毒。
2. 病豬之處理：每日巡視豬舍，將病豬隔離並確實消毒其豬舍，以及適時予以淘汰或撲殺。
3. 屍體之處理：應掩埋良好，或予以焚化。
4. 傳染病之防治：注意病原之媒介，如鼠、動物、鳥類與昆蟲等，因接觸或採食飼料而傳播病原菌。
5. 定期消毒與預防注射：工作人員或畜牧獸醫人員應格外注意動物之健康狀況與其可能攜帶之疾病，而應隨時予以徹底消毒或滅菌。

習題

一、是非題

(　　) 1.豬場衛生之基礎在於消毒之徹底實施，而無消毒即無防疫之效果。

(　　) 2.豬群中有病豬，應立即予以隔離飼養，以減少疾病傳播之機會。

(　　) 3.大豬之屍體必須加以掩埋或焚化，但仔豬之屍體，可直接投入河中較為省力。

(　　) 4.畜牧獸醫人員經常接近病豬，故極可能為病原之攜帶者。

(　　) 5.投藥時，應注意藥物瓶上有效日期標籤與使用劑量之說明。但對於廣效性之抗生素，則可任意投給。

(　　) 6.消毒劑種類之選擇，應依照其使用對象與欲控制之病菌加以選用。

(　　) 7.肉豬之防疫計畫遠比種豬者來得複雜，更應切實實施。

二、問答題

1.試述常用消毒劑之種類及其特性。

2.試擬定一豬場之防疫計畫。

第七章　豬糞尿處理與利用

一、前言

依據民國83年臺灣地區養豬調查資料，養豬戶共有27,324戶，豬隻飼養頭數為1,006萬頭，依每頭豬20公升／日廢水量估算，每日排放之總廢水量約20萬公噸，為僅次於家庭廢水及工業廢水之三大汙染源之一，造成相當大之公害。

未經妥善處理之豬糞尿所造成之汙染問題可歸納如下。

（一）傳播病原

大型養豬場每日產生之廢水量大，常缺少足量的儲積池供充分腐熟之用，因此糞尿廢水其停留在有限的蓄積池的時間大約在一日以下，不足以殺滅寄生蟲及病原菌。若施用於農田、魚池或排放，均有傳播疾病之危險。

（二）妨害環境衛生

臺灣地區地狹人稠，豬糞尿的臭味及蚊蠅不僅集中於養豬場附近，也會隨著排入的水道蔓延至下游，影響人類居住的環境衛生和妨害國民的健康。

（三）毒害農作物及魚類

養豬廢水混入灌溉或魚池用水，其中過量的氮素導致作物生長異常而減產，甚至毒害作物。同時也因而造成池水中溶氧量減低而危害魚類與其他水生動物。

（四）水質汙染

自來水水源若遭受豬糞尿汙染，會使其帶有臭味；且豬糞尿中含大量的養分造成水的優養化現象 (Eutrophication)，使水面大量滋生布袋蓮等水生植物，妨礙河川流通而影響正常排水與防洪的功能。

二、養豬廢水之特性

豬舍廢汙主要由糞、尿、清洗廢水、墊料及殘餘的飼料等所組成，通常以糞尿及洗水影響廢水量及其內容最大。一般而言，糞尿之排泄量雖因飼料及季節等因素而有所差異，但是有一定的範圍。而清洗豬舍之廢水量，則因畜舍構造之不同而有很大之差異，其影響總廢水量最為深遠。

（一）豬糞尿之排泄量

豬糞尿排泄量之多寡因飼料、豬體重、飼養方式等不同而有所差異，如表 7-1 所示。

▶表 7–1　豬糞尿的排泄量 (kg)

豬體重，kg	20～50	50～90	平　均
任食飼料量，kg	1.95 (1.42～2.47)	3.19 (2.47～3.87)	2.65 (1.60～3.70)
排糞量	0.92 (0.69～1.16)	1.48 (1.16～1.79)	1.24 (0.76～1.73)
限食飼料量，kg	1.63 (1.25～2.00)	2.55 (2.00～3.00)	2.15 (1.40～3.00)
排糞量	0.89 (0.74～1.10)	1.45 (1.24～1.66)	1.21 (0.74～1.66)
飲水量，L	3.18 (2.73～3.62)	4.21 (3.62～4.80)	3.77 (2.73～4.80)
排尿量	2.58 (2.33～2.68)	3.28 (2.68～4.47)	2.98 (1.33～4.47)
任食時糞尿量	3.50	4.76	4.42 (3.50～4.76)
限食時糞尿量	3.47	4.73	4.19 (3.47～4.73)

（資料來源：潘松德、鍾伉、項經樑，《畜牧學（二）》，復文書局印行，p.72）

（二）豬糞尿之特性

豬糞尿廢水之性質可分為物理、化學及生物三方面。

1. 理化特性

新鮮豬糞尿之理化特性如表 7–2 所示。影響豬糞尿理化特性之因素包括：

(1)豬之生理狀況：指體重、性別、健康及豬之品種等。

(2)飼料：飼料量及其可消化性、蛋白質及纖維素含量與其他成分等。

(3)環境因素：包括溫度、溼度與飼養方式等。

2. 生物性質

廢水生物性質之標記法，一般是指有機物負荷，主要以化學需氧量 (chemical oxygen demand, COD) 或生化需氧量 (Biochemical oxygen demand, BOD) 二種參數表示。BOD 是指微生物在 20 °C 條件下分解廢水中有機物前五天所需之氧量；COD 則為有機物被強氧化劑氧化所需之氧量，測定 COD 需三小時即可完成，但並不能區分出能被生物分解之有機部分為何。

目前國內所規定之豬糞尿廢水排放標準之 BOD 為 100 ppm，至民國 87 年時降至 80 ppm 之放流標準（表 7–3 與 7–4）。

▶表 7–2　豬糞尿排泄量及其理化性狀

排泄量		BOD		SS	
		量	濃度	量	濃度
	（kg／頭、日）	（g／頭、日）	(mg/L)	（g／頭、日）	(mg/L)
糞	1.7	183	107,647	229	134,640
尿	3.3	15	4,546	7	2,100
混合	5.0	(200)	40,000	(240)	47,200

BOD：生化需氧量 SS：固體懸浮物

（資料來源：《豬糞尿處理設施工程設計施工手冊》，畜產試驗所編印）

▶表 7–3　目前實施之畜牧業廢水放流標準

適用範圍	項　目	最大限值 (ppm)	備　註
畜牧業（一）	生化需氧量	200	畜牧業（一）：係指豬隻飼養頭數 1,000 頭以上。 畜牧業（二）：係指豬隻飼養頭數 200 至 999 頭；牛（包括乳牛、役牛、肉牛）或馬 50 頭以上；羊 100 頭以上；兔 400 隻以上；肉雞或肉鴨 10,000 隻以上；蛋雞或蛋鴨 5,000 隻以上。 但在水源之水質水量保護區，為了環境保護需要或發生個案糾紛時，雖畜牧場經營規模未達上列頭數，仍應依畜牧業（二）之規定處理。
	懸浮固體	300	
畜牧業（二）	生化需氧量	400	
	懸浮固體	400	
養殖業	生化需氧量	100	
	懸浮固體	100	
其他經中央主管機關公告之事業	生化需氧量	100	
	化學需氧量	200	
	懸浮固體	100	

（資料來源：《養豬汙染防治農民輔導手冊》，省府農林廳編印）

三、豬糞尿之處理方法

（一）物理處理法

1.太陽能烘乾法

利用塑膠房將畜糞置於其內，以太陽能曬乾糞便。塑膠房可利用鋞管為骨架，外面覆以 0.3 公釐的透明塑膠布，房內鋪有水泥地面，並備有自動攪拌機，可往返翻動糞便。且在房內末端之最下方有一抽風口，裝設抽風機，抽取房內的氣體流經脫臭槽，可把氣體內含有之氨氣過濾，同時把房內的水蒸氣帶走，以乾燥房內的畜糞。畜糞一般堆積 5～10 公分高時最為適當。在臺灣南部冬天以此塑膠房之脫水效率約為 47%，夏天則高達 88%，年平均為 65%。以此法處理每頭肉豬之糞便約需 0.6～0.8 平方公尺之面積。

2.火力烘乾法

利用火力烘乾機來乾燥畜糞，可分為一次裝入及連續烘乾法兩種。一次裝入法需較多勞力，不適於大量的處理；而連續烘乾法通常備有自動進糞的裝置，可處理較多量的畜糞。在火力烘乾中，惡臭是最困擾的問題，故須設有煙囪或把惡臭引入土壤中，由土壤內之微生物分解處理。一般在加熱愈高時，惡臭發生愈烈。經烘乾後的畜糞易於儲存，可利用作為肥料或其他家畜與魚類之飼料。

▶表 7-4　民國 82 年以後實施之畜牧業廢水放流標準

適用範圍	項　目	最大限值，ppm		備　註
		民國 82 年 1 月 1 日施行	民國 87 年 1 月 1 日施行	
市、鄉、鎮、社區汙水、工廠、礦場及中央主管機關指定之事業廢水共同適用	硝酸鹽氨	100	50	
	氨氣	20	10	氨氮及磷酸鹽之管制僅適用於水源水質水量保護區內。但畜牧業之氨氮與磷酸鹽管制由主管機關會商目的事業主管機關後，另行公告其管制期日及放流水標準
	磷酸鹽（以三價磷酸根計算）	10	4	
	酚類	2	1	
	陰離子介面活化	10	10	
	氰化物	1	1	
	油脂（正己烷抽出物）	10	10	
	溶解性鐵	10	10	
畜牧業（一）	生化需氧量	100	80	適用非草食性動物，如豬、雞、鴨、鵝等
	化學需氧量	400	250	
	懸浮固體	200	150	
畜牧業（二）	生化需氧量	100	80	適用草食性動物，如牛、馬、羊、鹿、兔等
	化學需氧量	650	450	
	懸浮固體	200	150	

（資料來源：《養豬汙染防治農民輔導手冊》，省府農林廳編印）

（二）生物處理法

可分為好氣性及厭氣性處理。無論以何種生物處理法，當豬糞泥漿於生物分解時，其中所含乾物質含量將因有機物質之不完全分解而快速大量增加，故通常在應用生物處理法之前必須先將豬糞泥漿中固體成分去除，此即稱之固液分離。固液分離之優點：體積之減少，可沉降性固體物之去除，廢水造成汙染之潛在性降低，阻塞之預防，水壓系統操作之簡化以及不良氣味之控制等。其流程如圖 7-1 所示。

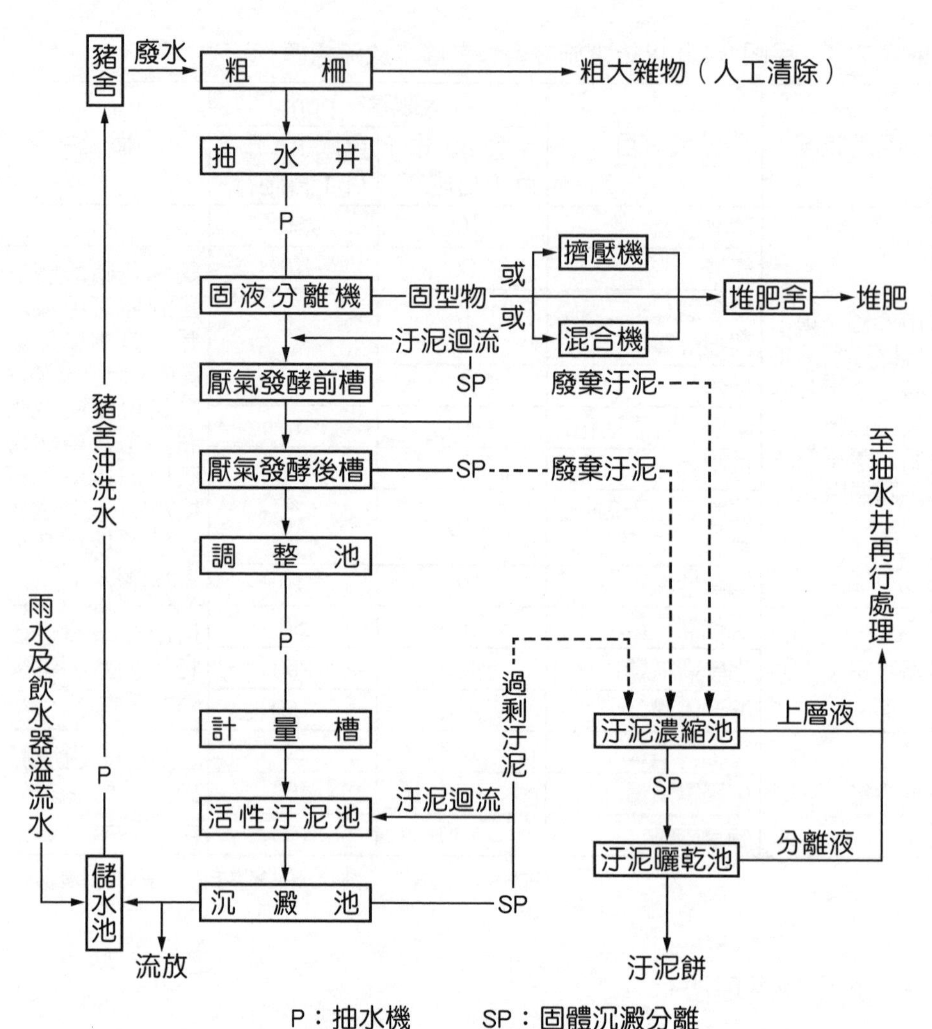

▶圖 7-1　豬糞尿處理流程

（資料來源：《豬糞尿處理設施工程設計、施工手冊》，畜產試驗所編印）

1.好氣性處理

(1)氧化渠法

氧化渠之建造，一般是在具有條狀地板之豬舍下，設計建造氧化渠。進流水經攔汙柵，進入氧化渠後再流至沉澱槽，其上澄液經加氯消毒後放流，而沉澱之汙泥則送至乾燥床曬乾。

(2)活性汙泥法

一般汙水中均含有多種微生物與豐富的有機質，而好氣性微生物即以有機物為食，其在溶氧充足的環境中增殖為凝膠狀體，此種具有活性的膠狀顆粒即為活性汙泥；而所謂活性汙泥法即：汙水經最初沉澱池處理後流入曝氣池，在曝氣池中曝氣使好氣性微生物群（活性汙泥）呈懸浮狀態，而有機物則被吸附在活性汙泥上被氧化分解，最後再流入最終沉澱池沉澱分離。

活性汙泥法 BOD 去除率可高達 90% 以上，負荷較具彈性，無臭味，佔地面積小，但建設、操作及保養費用高昂。

(3)旋轉生物盤法

此法係利用附著於圓盤上之微生物去除有機物。圓盤係以質輕耐久且微生物易於附著之材料製成，固定在一平行於水面之轉軸上，而置於接觸反應槽中，使圓盤浸水率達 40～70%，再藉著驅動馬達之帶動使圓盤緩慢旋轉，而圓盤上之微生物自空氣中攝取氧氣，並自水中吸取有機物進行好氣氧化、分解作用（圖 7–2）。

(4)氧化塘法

將豬糞尿汙水經沉澱槽處理，降低大部分 BOD 後的第二次處理法。其利用天然氧氣，故氧化塘淺而需較大土地面積，其深

▶圖 7–2　生物旋轉膜盤

（資料來源：《養豬廢水處理實例示範手冊》，行政院農委會、省農林廳及省畜試所編訂）

度僅 1～1.5 公尺左右。據估計每 50 公斤體重的豬需 13 平方公尺之氧化塘面積。

氧化塘中藻類與好氣性微生物共生而分解有機物，但當其中藻類及微生物含量過多時，則處理效果會降低。

⑸曝氣塘法

此法與氧化塘法十分類似，其唯一不同點在於曝氣塘所需之氧氣是以機械方法將空氣打入水中，使空氣中部分氧溶入水中。所以池中氧之供應並非依靠風力或藻類之生長，故曝氣塘在設計上和氧化塘有很大不同。曝氣塘深可達 3～4 公尺，且其處理廢水之速度較氧化塘法快，約每 45 公斤體重的豬僅需 3 立方公尺之曝氣塘體積。

2.厭氣性處理

一般而言，廢水中 BOD 含量高時，厭氣處理較好氣性處理經濟。厭氣性處理分為以下兩種方法。

(1)厭氣發酵槽（沼氣槽）處理法

臺灣農家利用豬糞尿小型沼氣槽發酵產生沼氣，前後約有三十幾年之歷史，最初使用的模式是以槽上覆蓋鐵皮蓋，後來曾以玻璃纖維取代鐵皮，但因其體積小而造價高，故在民國 64 年時工業技術研究院開發紅泥塑膠材料，並在農復會協助下製成袋狀發酵槽（圖 7–3），其成本較低，且可製成各種大小，大者可達 500 立方公尺，且具甚佳之機械性及抗蝕性，現今已被廣泛使用。

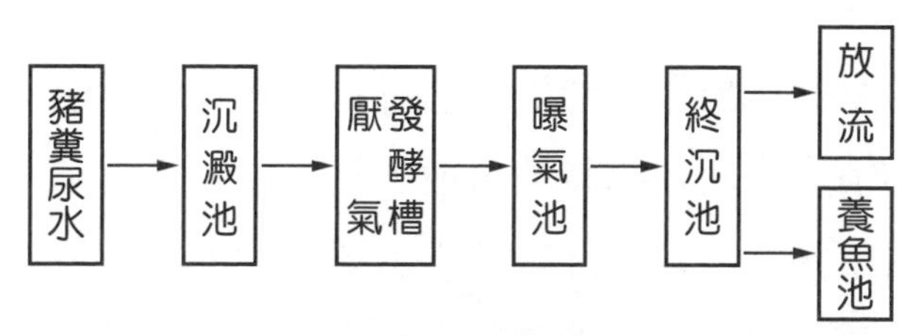

(a)豬糞尿處理流程圖

(b)覆皮式厭氣醱酵槽

▶圖 7–3　豬糞尿處理方式與流程（實例）

（資料來源：《養豬廢水處理實例示範手冊》，行政院農委會、省農林廳與省畜試所編印）

目前以紅泥膠皮沼氣袋處理豬糞尿汙水時，每頭豬需 0.3 立方公尺的發酵袋及 0.2 立方公尺的貯氣袋，每頭豬的排泄物經厭氣處理時，每天可產生 0.3 立方公尺的沼氣。若所產生的沼氣能全部利用為燃料時，在 6～9 個月內即可回收所投入的資金。

⑵厭氣塘法

厭氣塘主要的作用是在分解及穩定廢水中之有機物，尤其是對於像豬糞尿此種具有高濃度有機廢汙的廢棄物更有快速穩定的功效。厭氣塘除了表面一層好氣區域外，底下則全為厭氣區，由於沒有攪拌與加熱設備，故氣體產量及有機物分解率均較厭氣酸酵槽為低，故其放流液不可直接排放於河川，必須經過二次處理（好氣處理）以後才可排放。

由於厭氣塘為厭氣酸酵處理方式，故不必考慮氧氣擴散及陽光穿透的情形，所以厭氣塘可增加其深度且不需廣大面積，但塘底需密封不滲漏，以免汙染地下水源。此外，厭氣塘會有臭味四散、蚊蠅孳生之缺點，造成環境衛生的問題不易控制。

四、豬糞尿的利用

（一）作為肥料回歸農地

農田施肥為臺灣豬糞尿的主要利用方法，不僅可增加農作物之產量，且可改良土壤。豬糞尿經堆積、乾燥、堆肥及厭氣發酵等不同處理後，可供作為種植作物或植物時改良土壤養分的基肥與追肥之肥料來源。但就肥料效果與衛生觀點而言，以經厭氣發酵處理後施用較為理想。

豬糞尿經厭氣發酵產生沼氣後所排出之廢液中，氮、磷、鉀的含量分別為 260～480 mg/L、3～16 mg/L 與 100～320 mg/L。由於氮素的含量高，可當作肥料使用。經過發酵後的排出液中，寄生蟲及原蟲絕大部分都可殺滅，其存留的蟲卵亦大都死亡，所以衛生安全的顧慮可大大減少。

（二）魚類養殖

當施用豬糞尿於魚塘時，必須先經過發酵處理，以消滅病原體避免傳播疾病。使用方法分為基肥及追肥，在魚隻放養前數天放基肥，放養後視魚塘肥瘠、水色以及魚類活動情形而放追肥，以量少次數多為原則，不得一次添加過量。一般而言，魚塘內應保持溶氧量在 6 ppm 以上，而氨氣則在 2 ppm 以下為宜。

（三）再餵飼 (refeeding)

所謂再餵飼乃將廄肥經過處理後，混入動物飼料中，再餵給動物食用。經研究指出：以處理過之豬糞尿來餵豬，其效果不如餵飼牛羊者，而反芻動物亦可利用尿素、尿酸等非蛋白態氮，豬則不能。

值得注意的是：生肥中可能含有汞、銅、氟、硒以及抗生素、殘餘農藥等物質，故欲將其飼料化再餵飼動物，應事先除去此等物質，才不致造成動物飼養安全上之顧慮。

（四）培養藻類

1.培養綠藻

豬糞尿經發酵後之排出液中，所殘留氮、磷及鉀等肥分，可供綠藻培養用。綠藻為含高蛋白質的單細胞生物，其蛋白質含量約為黃豆粉的 1.4 倍，消化率約為黃豆粉的 76%，並含有豐富的離胺酸。因此，培養綠藻不僅可提供廉價的蛋白質來源，且可淨化放流水，防止環境汙染。

2. 培養螺旋藻

螺旋藻是蛋白質含量在 60% 左右的藍綠藻類，一般工業上以化學肥料培養，其生產成本高昂。如以豬糞尿發酵後之排出液培養，則不但可降低成本，並可達到豬舍廢水再次淨化之目的。

（五）沼氣之利用

1. 燃料用途

利用豬糞尿產生沼氣作為燃料之安全性高，外洩即可發覺，且燃燒時火力頗強。每頭 90 公斤的肉豬所排出之糞尿，經厭氣發酵，每天可產生 0.3 立方公尺的沼氣。以五、六口的家庭所需之沼氣，可由 7～8 頭豬所產生的糞尿發酵供給之（圖 7–4(a)）。

2. 作為抽水機之動力

將抽水機之化油器改換成進氣管，可完全取代汽油使用於抽水灌溉。

3. 發電用途

將汽油發電機之化油器取下，改用特殊的沼氣用進氣管，可使沼氣在初步上取代汽油作為發電燃料。然而沼氣中含有硫化氫氣體，其具有腐蝕性，易使發電機腐鏽，故發電成本偏高，仍需進一步研究如何純化沼氣，並提高發電效率（圖 7–4(b)）。

4. 仔豬之保溫

可利用以供保溫燈與保溫墊熱水之能源（圖 7–5）。

(a)家庭燃料之供應

(b)沼氣發電之應用

▶圖 7–4　沼氣之利用（一）　(a) 燃料　(b) 發電

（資料來源：《養豬廢水處理實例示範手冊》，行政院農委會、省府農林廳、省畜試所編印）

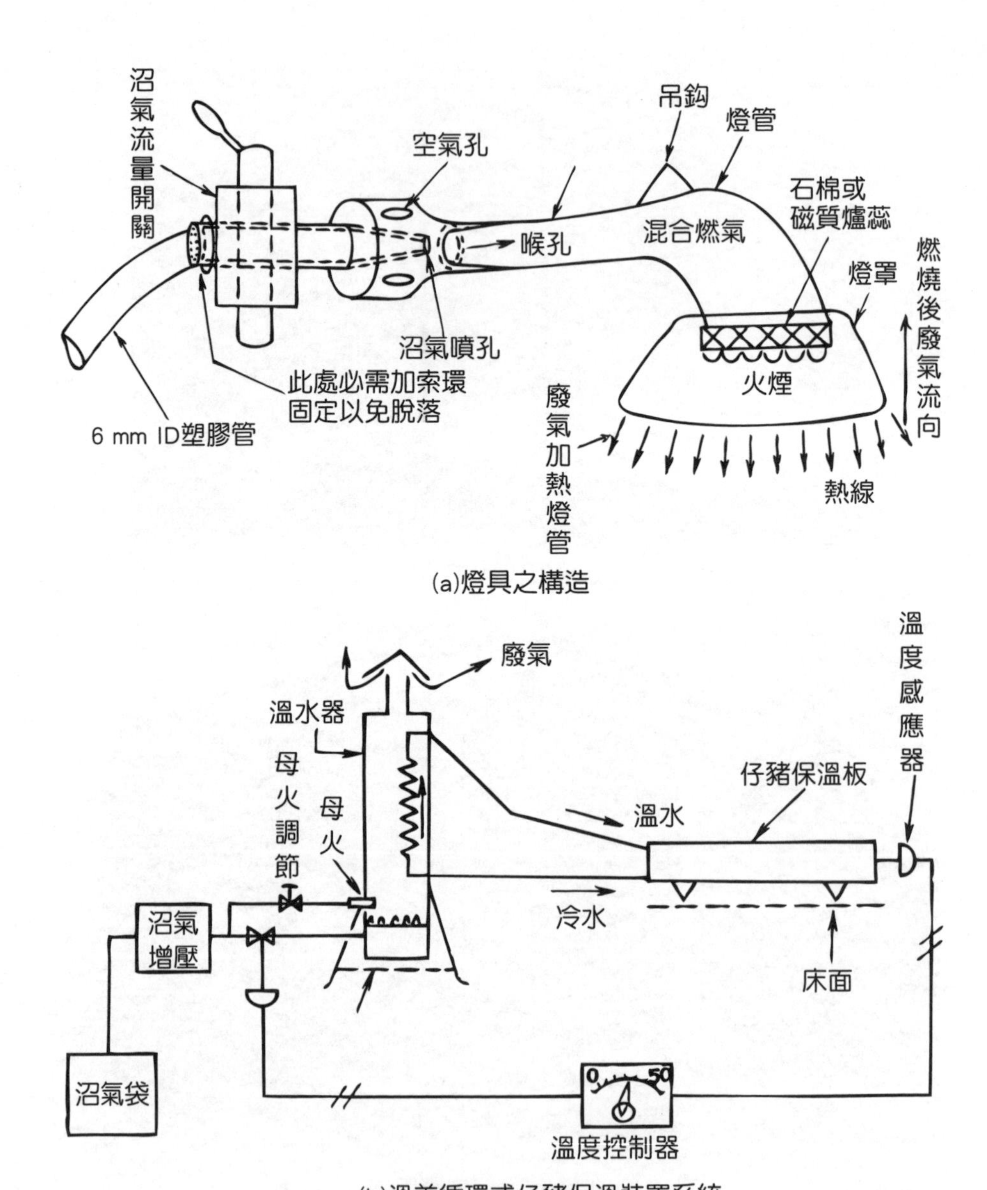

▶圖 7–5　沼氣之利用（二）豬舍保溫　(a) 保溫燈　(b) 保溫板

（資料來源：《一貫式豬糞尿處理與沼氣利用》，省畜試所編印）

實習六

豬糞尿處理

一、學習目標

瞭解豬糞尿處理之原理及方法。

二、學習活動

（一）由教師說明豬糞尿處理之方法。

（二）由教師帶領學生至養豬場實際觀摩其運作流程。

（三）說明

1. 豬糞尿處理之原理與方法如前課文所述。
2. 實際參觀訪問之地點可就近安排：如臺灣省畜產試驗所、臺灣養豬科學研究所或查閱由行政院農委會、省府農林廳與省畜試所共同輔導之農民示範戶（《養豬廢水處理實例示範手冊》），與其取得聯繫後，就近前往。

習題

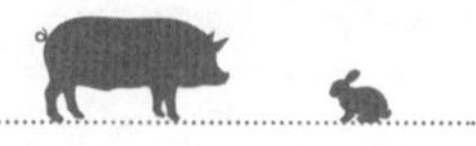

一、是非題

(　　) 1. 豬糞尿之處理方式乃以無氧發酵法之效果最佳。

(　　) 2. 目前所規定之畜牧廢水放流標準中，其中 BOD 一律在 100 ppm。

(　　) 3. 漁業養殖為豬糞尿再利用之項目之一。

(　　) 4. 糞尿處理方法中之活性汙泥法為厭氣性處理法，而生物旋轉盤法為好氣性處理法。

(　　) 5. 目前地球的環境汙染極為嚴重，南北極上空之臭氧層皆已發現破洞，未來可能對地球生態造成極大的危機。

二、填充題

1. 厭氣處理法中之發酵槽可分為______式與______式兩類。
2. 豬糞尿未經妥善處理即予排放，所造成的汙染問題包括：①______；②______；③______；④______。
3. 未經處理或未達放流標準的豬糞尿等汙染源若排放至河川，極易造成河川的______化現象。

三、問答題

1. 試述糞尿發酵處理後，所產生之沼氣之用途為何？
2. 請圖示豬糞尿處理之概約流程。

第貳部分

第八章　綿羊與山羊之特性與區別

人類所圈養之羊隻主要分為綿羊與山羊，而綿羊與山羊分別由野生綿羊（彩圖 13～16）與野生山羊（彩圖 17～20）馴化而來。綿羊與山羊之外觀與體形雖然有些相似，然而在遺傳組成、身體特徵、用途與特性等方面，二者均有相當大之差異存在。

一、綿羊之特性

（一）綿羊體表之一些腺體能分泌具有連絡作用之費洛蒙 (Pheromone)，因此綿羊之群居性較強，故適合大規模之企業化飼養。

（二）綿羊天生膽小、性情溫順，不善於利用角或腳來防禦，且打鬥時僅會向前突進，因此自衛能力較小，故需設置較完善之圍籬，以免遭受野獸或其他兇猛動物之攻擊。

（三）綿羊會排斥遭受汙染之飲水或飼料，而且對於具有強烈氣味之飼料會拒絕食用。

（四）綿羊足部之蹄腺發達，因此飼養環境不潔時，易使蹄腺阻塞，而引發腐蹄病。

（五）綿羊之耐粗能力佳，因此飼料應以粗料佔較大部分，而精料不能餵飼太多，否則較易引起消化不良或下痢等消化問題。

（六）綿羊較嗜好短牧草，且放牧時通常喜歡在清晨與傍晚時啃食牧草。

（七）綿羊容易受內、外寄生蟲之危害，因此必須定期驅除內、外寄生蟲，以免造成貧血或引發下痢。

二、山羊之特性

（一）山羊天生活潑好動、好奇心強。

（二）山羊特別偏好小灌木之嫩枝嫩葉，而對牧草之喜好性較小。

（三）山羊善於跳躍與爬高，因此必須建築較高之圍籬，以避免脫逃。

（四）山羊之自衛能力較綿羊為佳，而且善於利用腳或角來攻擊或防禦。

（五）山羊之耐粗能力與綿羊相似，因此飼料應以粗料佔較大部分，且精料不可餵飼太多，否則容易引起消化不良或下痢等消化問題。

（六）山羊也會排斥遭受汙染之飲水或飼料，而且也不喜歡具有強烈氣味之飼料。

（七）山羊之蹄腺發達，因此飼養環境泥濘不潔時，易使蹄腺阻塞而引起腐蹄病。

（八）山羊亦容易遭受內、外寄生蟲之危害，因此必須定期驅除內、外寄生蟲，以免造成貧血或引起下痢。

三、綿羊與山羊之區別

區別綿羊與山羊時，可從分類學、遺傳組成、身體特徵、採食行為、行為特性及主要用途等六方面著手。

（一）綿羊與山羊在分類學上之地位不同

在分類學上，綿羊與山羊分屬不同之屬與不同之種，二者在分類學上之區別如下：

綿羊	山羊
動物界	動物界
脊椎動物門	脊椎動物門
哺乳綱	哺乳綱
真獸亞綱	真獸亞綱
偶蹄目	偶蹄目
牛科反芻亞目	牛科反芻亞目
綿羊屬	山羊屬
綿羊種	山羊種

（二）遺傳組成不同

綿羊之染色體數為 54 個，而山羊之染色體數為 60 個，且二者之染色體核形也不完全相同，因此從遺傳學之觀點而言，綿羊與山羊無法雜交。

（三）身體之特徵不同

1. 體表之被毛

通常綿羊體表之被毛為柔軟且富含油脂，而山羊體表之被毛為粗剛且不含油脂；因此綿羊體表之被毛稱為羊毛 (wool)，而山羊體表之被毛則稱為髮毛 (hair)。但黑肚綿羊體表之被毛為髮毛，而安哥拉山羊與喀什米爾山羊體表之被毛為羊毛 ，這三者均為例外之情形。

2. 體表之腺體

綿羊具有發達之眼瞼腺、鼠蹊腺與皮膚之皮脂腺，而大部分山羊這些腺體均不發達，甚或缺乏這些腺體。

3. 鬍鬚與肉垂

山羊無論公、母，顎下均有鬍鬚，而且頸下也有肉垂；而大部分綿羊顎下均無鬍鬚，且頸下亦無肉垂。綿羊顎下若有鬍鬚，則一定是公羊。

4. 嘴唇之構造

山羊之上唇裂開較明顯，可動性大，故可吃草至很低；綿羊之上唇未裂開，因此無法吃草至很低。

5. 尾部構造

山羊之尾部短且常向上，而綿羊之尾部亦短但常向下。

6. 臉部形狀

大部分綿羊之臉部呈弓狀，中央圓凸，而大部分山羊之臉部較平整。

7. 角之形狀

山羊無論公、母，大部分會長角，而且角多為鐮刀狀；綿羊則大部分無角，有角之綿羊大多為雄性，而且綿羊角多呈螺旋狀。

8. 蹄之構造

山羊之蹄大多為中空之海綿狀 ， 而綿羊之蹄則多為實心厚墊狀。

（四）採食行為之差異

綿羊喜食牧草，不喜歡樹枝、樹葉；山羊則較喜歡小灌木之樹枝嫩葉，而較不喜歡牧草。

（五）行為特性之不同

綿羊天生膽小，性情溫順，不愛爬高，不善跳躍與打鬥，反應也較遲鈍。山羊生性活潑好動，好奇心強，行動敏捷，善於爬高、跳躍與打鬥。

（六）主要用途之差異

綿羊之主要用途為毛用，但亦可供肉用、毛肉兼用與毛皮用等其他用途，而乳用則較少；山羊之主要用途為乳用、肉用或毛用，但亦可供乳肉兼用、毛肉兼用與毛皮用等用途。

習題

一、是非題

(　　) 1.綿羊性情溫順膽小，而山羊性情活潑好動。

(　　) 2.綿羊蹄腺發達，故易引起腐蹄病，而山羊之蹄腺不發達，故不易發生腐蹄病。

(　　) 3.山羊較喜歡吃牧草，而綿羊則較喜歡吃樹枝嫩葉。

(　　) 4.綿羊的被毛均為柔軟，而山羊的被毛則均為粗剛。

(　　) 5.山羊無論公、母均有角，而綿羊則通常雄性才有角。

(　　) 6.綿羊與山羊的染色體數相同，故可以雜交。

二、填充題

1.人類飼養的綿羊與山羊是由______綿羊與______山羊馴化而來。

2.綿羊與山羊均易受______寄生蟲之危害，故必需定期驅蟲，以免引起貧血及下痢。

3.綿羊之染色體數為______個，而山羊之染色體數為______個。

4.綿羊角大都呈______狀，而山羊角大都呈______狀。

5.綿羊的上唇______，因此吃草不能吃得很低。

三、問答題

1.說明綿羊之特性。

2.說明山羊之特性。

3.說明綿羊與山羊之區別。

第九章　綿羊

一、綿羊之品種與特性

按所生產之羊毛種類而言，綿羊可區分為細毛種、中毛種與粗毛種；而在細毛種與中毛種綿羊中，如依其用途而言，則可區分為毛用、肉用與毛肉兼用種；在中毛種綿羊中，如依所生產之羊毛長度而言，則可區分為長毛種與短毛種；在粗毛種綿羊中，又可區分為地毯毛種、羔羊皮種、肉用種與乳用種等。

全世界之綿羊品種非常多，以下將簡單介紹較常見之綿羊品種。

（一）美利奴 (Merino) 綿羊

美利奴綿羊為毛用種綿羊之代表性品種，其所生產之羊毛，品質細緻，彎曲度大，富含油脂，屬於優良之細毛羊品種之一。美利奴綿羊之原產地為義大利與北非，但後來由西班牙將其改良，因此現在世界各國之美利奴綿羊大多源自西班牙之美利奴綿羊。早期美國之美利奴綿羊，係依其皮膚皺摺之多寡而區分為 A、B、C 三型，但其後發現皮膚之皺摺愈多則剪毛愈不容易，因此現在美國的美利奴綿羊約 95% 為皮膚皺摺甚少的 C 型品種。以澳洲之美利奴綿羊品種為例，可區分為超細毛（彩圖 21）、細毛（彩圖 22）、中毛（彩圖 23）與強韌羊毛（彩圖 24）等品種。此外，近年來澳洲已育成無角之美利奴綿羊品種（彩圖 25）。臺灣曾引進美利奴綿羊飼養。美利奴綿羊之公羊身高約 70 公分，體重約 75 公斤，母羊身高約 60 公分，體重約 65 公斤。美利奴綿羊生產之羊毛，長度約 5～10 公分，毛色為白色；每年之羊毛產量，公羊約 4～5 公斤，母羊約 3～4 公斤。

（二）藍不列特 (Ramboillet) 綿羊

藍不列特綿羊也是優良的細毛種綿羊，體型較大，肉質與產肉性能亦佳，因此亦為良好的毛肉兼用種綿羊。藍不列特綿羊原產於法國，也是由西班牙美利奴綿羊改良而來的。藍不列特綿羊之公羊有角，母羊無角，背線直，體軀深，成熟公羊體重約 90～115 公斤，母羊約 70～80 公斤。藍不列特綿羊之頭部寬大，鼻與耳之四周，以及足部為白色，而皮膚為粉紅色。

（三）謝維特 (Cheviot) 綿羊

謝維特綿羊（彩圖 26）之原產地為英格蘭與蘇格蘭交界之謝維特地方，屬於中毛羊品種，但產肉性與肉質亦佳，故亦屬於毛肉兼用種綿羊。本品種綿羊之外型優美，四肢短小，活潑機警，耳小而直立，臉部與四肢被覆短的髮毛，而鼻端、唇部與四肢均為黑色。成熟公羊體重約 75～90 公斤，母羊約 55～75 公斤。臺糖公司曾引進本品種綿羊飼養。

（四）杜色特 (Dorset) 綿羊

杜色特綿羊（彩圖 27、28）原產於英格蘭南部，為中毛種綿羊之代表，但產肉性亦佳，因此也是優良的肉用品種。本品種綿羊無論公、母均有角，且已經育成無角之品種。杜色特綿羊之臉部、耳與四肢均為白色，而鼻端、唇部與皮膚則為粉紅色，故又稱為白面綿羊。成熟公羊之體重約 80～115 公斤，母羊約 55～80 公斤。臺灣曾多次引進本品種綿羊飼養。

（五）漢布夏 (Hampshire) 綿羊

漢布夏綿羊（彩圖 29）原產於英格蘭中南部之漢布夏地方，屬於中毛種綿羊。本品種綿羊公、母均無角，臉部、耳與四肢為深褐色或黑色。在中毛種綿羊中，漢不夏綿羊屬於大型者。成熟公羊之體重約 100～140 公斤，母羊約 65～90 公斤。漢不夏綿羊之繁殖季節長，因此繁殖性能優越。

（六）南邱 (Southdown) 綿羊

南邱綿羊（彩圖 30）之原產地為英格蘭東南部，屬於中毛種綿羊，也是肉用型綿羊之代表性品種。本品種綿羊之體軀寬深緊湊，四肢粗短。成熟公羊之體重約 80～100 公斤，母羊約 55～75 公斤。臺灣糖業公司曾引進本品種綿羊飼養。

（七）三福 (Suffolk) 綿羊

三福綿羊（彩圖 31）之原產地為英格蘭東南部，屬於中毛種綿羊，也是優良之毛肉兼用種綿羊。本品種綿羊之臉部、耳與四肢均為黑色，因此又稱為黑面綿羊。公、母羊均無角，耐粗食，繁殖性能佳，性情溫馴。成熟公羊之體重約 100～140 公斤，母羊約 70～100 公斤。臺灣曾引進本品種綿羊飼養。

（八）雷色斯特 (Leicester) 綿羊

雷色斯特綿羊屬於長毛種綿羊，也是優良的毛肉兼用種綿羊。雷色斯特綿羊之原產地有源自英格蘭之英國雷色斯特綿羊（彩圖 32）與源自英格蘭與蘇格蘭交界處之邊界雷色斯特綿羊（彩圖 33）等二種。本品種綿羊為英國的古老綿羊品種之一，體型高大，公、母羊均無角，頭部與四肢有短毛覆蓋，羊毛長度可達 15～25 公分。成熟公羊之體重約 90～115 公斤，母羊約 70～100 公斤。本品種綿羊不適合飼養在雨量多之地區。

（九）林肯 (Lincoln) 綿羊

林肯綿羊（彩圖 34）屬於長毛種綿羊，但因體形大，瘦肉量多，肉質佳，因此也是優良的毛肉兼用種綿羊。林肯綿羊之原產地為英格蘭東部，體形高大，體軀呈長方形，為最大型的綿羊品種。公、母羊均無角，羊毛長度可達 30～40 公分。成熟公羊之體重約 115～160 公斤，母羊約 100～115 公斤。臺灣曾引進本品種綿羊飼養。

（十）羅蒙尼 (Romney Marsh) 綿羊

羅蒙尼綿羊（彩圖 35）屬於長毛種綿羊，也是優良的毛肉兼用種綿羊。羅蒙尼綿羊原產地為英格蘭，體形較小，四肢粗短。成熟公羊之體重約 90～110 公斤，母羊約 80～90 公斤。臺灣曾引進本品種綿羊飼養。

（十一）波華 (Polwarth) 綿羊

波華綿羊（彩圖 36）之原產地為英國，含有 75% 美利奴綿羊與 25% 林肯綿羊之血統，為毛肉兼用種綿羊。本品種綿羊可分為有角與無角二大類，但以無角者居多。波華綿羊體形高大強健，羊毛產量多，屠體品質亦佳。臺灣曾引進本品種綿羊飼養。

（十二）柯利黛 (Corriedale) 綿羊

柯利黛綿羊（彩圖 37）之原產地為紐西蘭，是由林肯、雷色斯特等二品種綿羊之公羊與美利奴綿羊之母羊雜交改良而成，因此屬於雜交種綿羊，而且也是毛肉兼用種綿羊。本品種綿羊之臉部與四肢下端均為白色，公、母羊均無角，耐粗放，羊毛長度約 15 公分。成熟公羊之體重約 80～100 公斤，母羊約 55～80 公斤。臺灣曾引進本品種綿羊飼養。

（十三）哥倫比亞 (Columbia) 綿羊

哥倫比亞綿羊是由林肯綿羊與藍不列特綿羊雜交改良而成，屬於雜交種綿羊，為美國最早育成之綿羊。本品種綿羊體型高大，臉部與四肢均為白色，公、母羊均無角。羊毛產量中等，母羊繁殖性能佳。成熟公羊之體重約 115～145 公斤，母羊約 70～90 公斤。

（十四）蒙古綿羊

蒙古綿羊（彩圖 38）原產於中國、外蒙古，為中國分布最廣之主要綿羊品種之一，屬於粗毛種綿羊，約有八種亞型，例如同羊、寒羊、灘羊與湖羊等均為蒙古綿羊之亞型。同羊分布於陝西省同州，寒羊分布於山西省，灘羊分布於寧夏省灘區，而湖羊則分布於江蘇省與浙江省交界之吳興與長興地區。蒙古綿羊之尾巴基部富含油脂，因此屬於肥尾型綿羊，而其羊毛粗糙，適合供製造地毯或毛毯之用。蒙古綿羊大多為白色，但也有黑色、褐色與雜色者。公羊有角，母羊多為無角。成熟公羊之體重約 60 公斤，母羊約 50 公斤。

（十五）西藏綿羊

西藏綿羊（彩圖 39）原產於中國之西藏高原及其鄰近地區，分布於西藏與甘肅省之海拔約 3,000～5,000 公尺之高山地區，為中國之主要綿羊品種之一，屬於粗毛種綿羊。西藏綿羊大多為白色，但也有黑色、褐色或雜色者。公、母羊均無角，體形較蒙古綿羊為小。羊毛品質較蒙古綿羊略粗，羊毛長度約 10～12 公分，適合供製造地毯之用。成熟公羊之體重約 45 公斤，母羊約 35 公斤。

（十六）哈薩克綿羊

哈薩克綿羊（彩圖 40）原產於中國之新疆省，分布於新疆、甘肅與青海等省，為中國之主要綿羊品種之一，屬於粗毛種綿羊。毛色與蒙古綿羊及西藏綿羊類似，但體形較大，產肉性較蒙古綿羊與西藏綿羊為佳，尾部粗大，亦屬於肥尾型綿羊。本品種綿羊之羊毛產量不多，而且羊毛品質粗糙，適合供製造地毯之用。公羊大多有角，母羊無角。成熟公羊之體重約 45～60 公斤，母羊約 35～40 公斤。

（十七）卡拉庫爾 (Karakul) 綿羊

卡拉庫爾綿羊（彩圖 41）原產於蘇聯中亞東部的 Bokhara 地方，屬於肥尾型綿羊。毛色為灰褐色，頭部與四肢被覆黑色長毛，尾巴短而寬，公羊有角，母羊則無角。成熟公羊之體重約 75～100 公斤，母羊約 40～60 公斤。卡拉庫爾綿羊之羔羊，其被毛為黑色，柔軟捲曲，外觀優美，可供製造高級之毛皮，因此為優良之毛皮用品種。

（十八）巴貝多黑肚 (Barbados black belly) 綿羊

巴貝多黑肚綿羊（彩圖 42）產於加勒比海（西印度群島）最東端的巴貝島（即現在之巴貝多共和國），其來源與古巴之髮毛綿羊與巴西產毛量少之綿羊品種有關，因此被認為起源自西非之綿羊，而在十七世紀時由西班牙人與葡萄牙人自巴西引進至巴貝島飼養。巴貝多黑肚綿羊之毛色為棕至褐色，但腹部與四肢下端為黑色，短毛，毛質粗糙似山羊，故不適合供毛用。公羊有角或無角，母羊大多為無角，性成熟早，繁殖性能佳，極適合在臺灣之氣候環境下飼養，而且生長迅速，為優良之肉用型綿羊。成熟公羊之體重約 65 公斤，母羊約 50 公斤。

習　題

一、是非題

(　) 1.綿羊的主要用途為毛用。
(　) 2.黑肚綿羊為肉用種綿羊。
(　) 3.卡拉庫爾綿羊為毛皮用之優良品種綿羊。
(　) 4.臺灣曾引進美利奴、藍不列特與謝維特綿羊。
(　) 5.美利奴綿羊是最佳的毛用種綿羊。

二、填充題

1.臺灣曾自國外引進的綿羊品種，包括：_____、_____、_____、_____、_____、_____、_____、_____等品種。

2.原產於中國內、外蒙古之蒙古綿羊，其較著名的亞型，包括：

______、______、______與湖羊等。

3.黑肚綿羊原產於南美洲，屬於______型綿羊。

4.原產於蘇俄中亞之______品種綿羊為優良之毛皮用品種。

5.一般肉用綿羊多為______種或______種綿羊，而毛肉兼用種綿羊則多為______種與______種雜交而成之______種綿羊。

三、問答題

1.說明美利奴綿羊之特性。

2.說明蒙古綿羊之特性。

3.簡述黑肚綿羊之特性。

二、綿羊之繁殖與育成

（一）性成熟與配種年齡

綿羊的性成熟年齡約 5～12 月，但因品種、營養、個體與出生時間之不同而異。一般肉用種綿羊約在 8～10 月齡性成熟，而毛用種綿羊如美利奴綿羊甚至達 16～20 月齡才性成熟。綿羊屬於季節性生殖之動物，其繁殖季節在短日照之秋、冬季。通常母綿羊是在一歲齡前後之繁殖季節配種，而約在二歲左右產羔。母綿羊若太早配種，將使其成熟體形較小，而所生產之羔羊亦較小，且羔羊之育成率亦較低，但不影響母羊之羊毛生產量。公綿羊具有繁殖能力之期間則較長，通常可維持配種至 6～8 歲。

（二）發情與配種之適當時間

母綿羊之動情週期約 14～19 日，平均為 16～17 日。母綿羊發情時，其外觀徵候如外陰部紅腫、排出黏液、頻尿、咆哮、相互駕乘等均較不明顯，因此往往不易察覺，而必須使用試情公羊來偵測。母綿羊之發情持續時間約 20～42 小時，平均為 30～45 小時，而排卵是在發情後期，因此適當配種時間是在發情後期，而也可以在發情期與發情後期各配種一次，以提高受胎率。在一個繁殖季節中，以人工控制配種時，一頭一歲以下之公綿羊約可配種 20～25 頭母綿羊，而一頭一歲或一歲以上之公綿羊約可配種 50～75 頭母綿羊;但若採用在牧地自由配種時 ， 則一頭一歲或一歲以上之公綿羊約可配種 35～60 頭母綿羊。

（三）懷孕與分娩

母綿羊之懷孕期約 143～152 日 ，平均為 147 日 ，但因品種 、個體、胎次、營養、胎兒之性別與單胎或多胞胎等之不同而異。一般而言，中毛種與肉用種綿羊之懷孕期較短，細毛種綿羊之懷孕期稍長，而營養較好時懷孕期可縮短 2～3 日。母綿羊具有多產性，每次分娩約可產羔 1～2 頭，亦即每分娩 2 次至少有 1 次為雙胞胎。

母綿羊在懷孕後，食慾會增加，性情變溫順；至懷孕後半期，其右腹部可見明顯凸出，有時甚至能看到胎動。在母綿羊預產期前 1～2 週，應將其移入舖有墊草之清潔分娩欄內待產。在分娩前，母綿羊會顯現不安，外陰部潮紅腫脹，排出黏液，並有乳房脹大等外觀徵候。一般分娩時間約 2～3 小時，亦即在母綿羊開始激烈陣痛後 1～2 小時內會產出第一頭羔羊，其後約每間隔 20～40 分鐘產出一頭羔羊。胎衣通常會在所有羔羊全部產出後約 2～4 小時內排出。母綿羊若有難產或胎衣滯留時，應請獸醫人員協助處理。羔羊產出後，應立即清除其口鼻內之黏液，並輕拍其四肢，以助其順利開始呼吸，然後再以稻草或乾布擦乾其身體後，移置於保溫燈下保溫。臍帶通常在羔羊產出後即自然被拉斷，但應以碘酒將其浸泡，並予剪短結紮，以避免感染發炎。通常羔羊在出生後 15～30 分鐘，便能自行站立走動。新生羔羊應儘快餵給初乳，以增加其抵抗力，並提高育成率。

（四）羔羊之育成

羔羊通常由母綿羊自行哺乳，亦即羔羊出生後即跟隨著母綿羊哺乳，約至 3～4 月齡時才離乳。在羔羊出生一週以後，應即開始訓練其吃牧草與教槽料，以促進其生長與瘤胃之早期發育。羔羊離乳以後，除供應其優良品質之牧草外，尚需餵給一些精料，以促進其正常之生長。在羔羊育成期間，應注意牧草與精料之給飼不可過量或不足，以免發育不良或過於肥胖，而影響日後之各種性能。

三、綿羊之飼養與管理

（一）綿羊之飼養

綿羊為反芻動物，其耐粗能力很好，因此飼料中粗料所佔之比例應較精料為高，而精料之餵飼量也不可太多，否則容易造成消化上之問題。母綿羊、女羊與公綿羊在不同階段之營養分需要量，分別如表 9-1、表 9-2 與表 9-3 所示，因此可按照其營養分需要量分別調配適當的飼料。

1.羔羊之飼養

羔羊出生後 24～48 小時內，應儘快餵飼初乳，而初乳中含有豐富之免疫球蛋白，可以增加羔羊之免疫能力，以提高其育成率。一般羔羊常跟隨母綿羊自行哺乳，而大約哺乳至 3～4 月齡時離乳，而在哺乳期間應提供一些青割牧草或乾草訓練其採食，以促進其瘤胃之早期發育，另外同時也要提供一些精料作為教槽料讓其任食，以補充其營養。羔羊之離乳時間，需視其身體之發育狀況而調整，如此一方面可降低飼養成本，而且對羔羊之生長發育也有幫助。在羔羊之飼養上，必須特別注意餵飼用具與飲水之清潔衛生，以避免引起下痢，而影響其生長發育。此外，精料之餵飼量也要適當，不可餵飼太多，造成過度肥胖；也不可餵飼太少，而造成發育不良；餵飼時間亦應有規律，不可驟然隨意變動，以免引發消化干擾。

2.種母綿羊之飼養

種母綿羊飼養之優劣，攸關綿羊產業之成敗，因此種母綿羊之飼養不可忽視。

⑴配種前之飼養

母綿羊在配種之前，應增加餵飼量，使其體重增加，如此可促進其排卵數增加，以提高雙或三胞胎之比例與年總產羔率。在配種之前增加餵飼量，以提高母綿羊繁殖效率之方法，稱為催情，而一般實施催情之期間約二週左右。如果母綿羊在配種之前，體型已經過於肥胖，則不宜再給予催情處理，而應在配種前 4～6 週將其放牧於較貧瘠之牧草地或酌量減少餵飼量，如此才不會因過度肥胖，而影響其生殖效率。

⑵懷孕期之飼養

已經懷孕之母綿羊必須給予適當之飼養與照顧，將來才能生產健康強壯的羔羊，因此提供平衡的飼糧，給予充分之飲水、新鮮之空氣、充足之陽光與適當之運動均很重要。另外，母綿羊在全部懷孕期間應有 9～15 公斤之增重，如此才能為將來之泌乳期預作準備。

在懷孕期之最初 6～7 週，母綿羊的營養分需要量僅較未哺乳母綿羊稍高，因此只需給予品質良好之牧草與少量之精料即可。在懷孕中期，母綿羊仍照一般之飼養方式，但牧草與精料量應稍為增加。在懷孕期最後 4～6 週，為胎兒最重要之生長階段，因為 75% 之胎兒重量是在這個階段生長的，而且母綿羊也必須在此階段多儲存一些營養分，以備泌乳初期之需；因此在懷孕末期除供應母綿羊品質良好之禾本科與豆科混合之牧草外，每日應再給予 0.25～0.35 公斤之精料。另外，給予清潔之飲水、礦鹽與適當之運動也不可忽略。在母綿羊預定分娩前 4～5 日，應將其移至清潔的分娩欄待產，而飼料之餵飼量應逐漸減少，而改餵給較疏鬆或具輕瀉性之飼料，如燕麥或米糠等，以幫助清除產道而使順利生產。

⑶泌乳期之飼養

母綿羊剛分娩後的最初幾天，精料之餵飼量應減少，但需給予充足之牧草。在分娩後 5～7 日，精料之給予量可以慢慢恢復為全飼，以提供羔羊哺乳之需求。通常在母綿羊分娩後 1～2 個月期間，精料可以給予任食，而粗料不可給予太多，否則母綿羊之營養可能不足，致泌乳量不夠，而影響羔羊之正常發育。

3.種公綿羊之飼養

種用公綿羊之飼養常不被重視，只有在配種季節才會被注意，因此為維持種公綿羊在配種時之活力，平時也應用心飼養。一般種公綿羊之體重往往較種母綿羊為重，因此牧草與精料之餵飼量也應較種母綿羊稍多。種公綿羊在配種之 30～45 日期間應增加餵飼量外，整年只要給予優良的豆科牧草即可，而豆科牧草品質若不佳時，則尚需補充少量精料。在配種前與配種時，種公綿羊應使每日約增重 0.45 公斤，因此除餵飼優良豆科牧草外，尚需餵給由苜蓿或大豆粕與穀類混合而成的精料。另外，種公綿羊在平時也應給予適度運動，以避免因過度肥胖而影響其繁殖能力。

▶表 9–1　公綿羊之營養分需要量 (NRC，2006)

分類	體重 kg	出生體重 kg	體增重 g／d	飼糧能量濃度 kcal／kg	每日乾物質採食量		熱能需要量 TDN	蛋白質需要量 CP g／d	礦物質需要量		維生素需要量	
					kg	% 體重			鈣 g／d	磷 g／d	A RE／d	E IU／d
公綿羊												
㈠維持												
	100		55	1.91	1.77	1.77	0.94	122	3.30	3.10	3,140	530
	125		59	1.91	2.09	1.67	1.11	145	3.80	3.70	3,925	663
	150		68	1.91	2.40	1.60	1.27	168	4.30	4.30	4,710	795
	200		76	1.91	2.98	1.49	1.58	210	5.20	5.30	6,280	1,060
㈡配種前												
	100	47	131	1.91	1.95	1.95	1.03	144	3.60	3.40	4,550	560
	125	56	142	1.91	2.30	1.84	1.22	171	4.20	4.10	5,688	700
	150	64	163	1.91	2.64	1.76	1.40	197	4.70	4.70	6,825	840
	200	79	183	1.91	3.27	1.64	1.74	247	5.70	5.90	9,100	1,120

備註：NRC, 美國國家科學院；TDN, 總可消化養分；CP, 粗蛋白質，以 40% 未降解攝食蛋白質 (UIP) 計算；g／d, g／日；RE／d, 視網膜醇當量 (retinol equivalents)／日；IU, 國際單位；kcal, 仟卡。

▶表 9-2　成年母綿羊之營養分需要量 (NRC，2006)

分類	體重 kg	出生體重 kg	體增重 g／d	飼糧能量濃度 kcal／kg	每日乾物質採食量		熱能需要量 TDN	蛋白質需要量 CP g／d	礦物質需要量		維生素需要量	
					kg	% 體重			鈣 g／d	磷 g／d	A RE／d	E IU／d
成年母綿羊												
㈠僅維持												
	40		0	1.91	0.77	1.93	0.41	56	1.80	1.30	1,256	212
	50		0	1.91	0.91	1.83	0.49	66	2.00	1.50	1,570	265
	60		0	1.91	1.05	1.75	0.56	76	2.20	1.80	1,884	318
	70		0	1.91	1.18	1.68	0.62	85	2.40	2.00	2,198	371
	80		0	1.91	1.30	1.63	0.69	94	2.60	2.20	2,512	424
	90		0	1.91	1.42	1.58	0.75	103	2.80	2.50	2,826	477
	100		0	1.91	1.54	1.54	0.82	111	3.00	2.70	3,140	530
	120		0	1.91	1.76	1.47	0.94	128	3.30	3.10	3,768	636
	140		0	1.91	1.98	1.41	1.05	145	3.70	3.50	4,396	742
㈡配種期												
	40		20	1.91	0.85	2.13	0.45	66	2.10	1.50	1,256	212
	50		23	1.91	1.01	2.01	0.53	77	2.40	1.80	1,570	265
	60		26	1.91	1.15	1.92	0.61	89	2.60	2.10	1,884	318
	70		29	1.91	1.30	1.85	0.69	99	2.90	2.40	2,198	371
	80		32	1.91	1.43	1.79	0.76	110	3.10	2.70	2,512	424
	90		35	1.91	1.56	1.74	0.83	120	3.40	2.90	2,826	477
	100		38	1.91	1.69	1.69	0.90	130	3.60	3.20	3,140	530
	120		44	1.91	1.94	1.62	1.03	150	4.00	3.70	3,768	636
	140		50	1.91	2.18	1.56	1.15	169	4.50	4.20	4,396	742
㈢懷孕初期（單胎羔羊，體重 3.9～7.5 kg）												
	40	3.90	18	1.91	0.99	2.47	0.52	79	3.40	2.40	1,256	212
	50	4.40	21	1.91	1.16	2.32	0.61	91	3.80	2.80	1,570	265
	60	4.80	24	1.91	1.31	2.19	0.70	103	4.20	3.20	1,884	318
	70	5.20	27	1.91	1.46	2.09	0.78	114	4.50	3.50	2,198	371
	80	5.60	30	1.91	1.61	2.01	0.85	126	4.90	3.90	2,512	424
	90	6.00	33	1.91	1.75	1.50	0.93	137	5.20	4.20	2,826	477
	100	6.30	35	1.91	1.89	1.89	1.00	147	5.50	4.50	3,140	530
	120	7.00	41	1.91	2.15	1.79	1.14	168	6.10	5.10	3,768	636
	140	7.50	46	1.91	2.39	1.71	1.27	187	6.70	5.70	4,396	742

備註：NRC, 美國國家科學院；TDN, 總可消化養分；CP, 粗蛋白質 , 以 40% 未降解攝食蛋白質 (UIP) 計算；g／d, g／日；RE／d, 視網膜醇當量 (retinol equivalents)／日；IU, 國際單位；kcal, 仟卡。

▶表 9-2 成年母綿羊之營養分需要量 (NRC，2006)（續）

分類	體重 kg	出生體重 kg	體增重 g／d	飼糧能量濃度 kcal／kg	每日乾物質採食量		熱能需要量 TDN	蛋白質需要量 CP g／d	礦物質需要量		維生素需要量	
					kg	% 體重			鈣 g／d	磷 g／d	A RE／d	E IU／d
成年母綿羊												
(四)懷孕初期（雙胞胎羔羊，體重 3.4～6.6 kg）												
	40	3.40	30	1.91	1.15	2.87	0.61	95	4.80	3.20	1,256	212
	50	3.80	35	1.91	1.31	2.62	0.70	107	5.40	3.70	1,570	265
	60	4.20	40	1.91	1.51	2.52	0.80	124	5.90	4.20	1,884	318
	70	4.60	45	1.91	1.69	2.41	0.89	137	6.50	4.60	2,198	371
	80	4.90	50	1.91	1.84	2.30	0.98	150	7.00	5.10	2,512	424
	90	5.20	55	1.91	2.00	2.22	1.06	162	7.40	5.50	2,826	477
	100	5.50	59	1.91	2.15	2.15	1.14	174	7.90	5.90	3,140	530
	120	6.10	68	1.91	2.44	2.03	1.29	198	8.70	6.60	3,768	636
	140	6.60	76	1.91	2.71	1.94	1.44	220	9.50	7.30	4,396	742
(五)懷孕末期（單胎羔羊，體重 3.9～7.5 kg）												
	40	3.90	71	2.39	1.00	2.49	0.66	96	4.30	2.60	1,820	224
	50	4.40	84	1.91	1.45	2.89	0.77	120	5.10	3.50	2,275	280
	60	4.80	97	1.91	1.63	2.71	0.86	134	5.70	4.00	2,730	336
	70	5.20	109	1.91	1.80	2.58	0.96	149	6.10	4.40	3,185	392
	80	5.60	120	1.91	1.98	2.47	1.05	163	6.60	4.80	3,640	448
	90	6.00	131	1.91	2.15	2.38	1.14	176	7.10	5.20	4,095	504
	100	6.30	142	1.91	2.30	2.30	1.22	189	7.50	5.50	4,550	560
	120	7.00	163	1.91	2.61	2.17	1.38	214	8.30	6.30	5,460	672
	140	7.50	183	1.91	2.89	2.06	1.53	237	9.00	6.90	6,370	784
(六)懷孕末期（雙胞胎羔羊，體重 3.4～6.6 kg）												
	40	3.40	119	2.87	1.06	2.66	0.85	123	6.30	3.40	1,820	224
	50	3.80	141	2.39	1.47	2.93	0.97	148	7.30	4.30	2,275	280
	60	4.20	161	2.39	1.65	2.75	1.09	165	8.10	4.80	2,730	336
	70	4.60	181	2.39	1.83	2.61	1.21	183	8.80	5.30	3,185	392
	80	4.90	200	2.39	1.99	2.48	1.32	198	9.40	5.80	3,640	448
	90	5.20	218	1.91	2.68	2.97	1.42	230	10.70	7.20	4,095	504
	100	5.50	236	1.91	2.87	2.87	1.52	246	11.30	7.70	4,550	560
	120	6.10	271	1.91	3.24	2.70	1.72	278	12.50	8.60	5,460	672
	140	6.60	304	1.91	3.57	2.55	1.89	307	13.60	9.50	6,370	784

備註：NRC, 美國國家科學院；TDN, 總可消化養分；CP, 粗蛋白質，以 40% 未降解攝食蛋白質 (UIP) 計算；g／d, g／日；RE／d, 視網膜醇當量 (retinol equivalents)／日；IU, 國際單位；kcal, 仟卡。

▶表 9-3　一歲女綿羊之營養分需要量 (NRC，2006)

分類	體重 kg	出生體重 kg	體增重 g／d	飼糧能量濃度 kcal／kg	每日乾物質採食量		熱能需要量 TDN	蛋白質需要量 CP g／d	礦物質需要量		維生素需要量	
					kg	% 體重			鈣 g／d	磷 g／d	A RE／d	E IU／d
一歲女綿羊（年齡 1 歲，成熟度 0.87）												
維持 + 生長												
	40		40	2.39	1.18	2.94	0.78	93	3.10	1.70	2,140	224
	50		50	2.39	1.43	2.85	0.95	112	3.70	2.10	2,675	280
	60		60	2.39	1.67	2.78	1.11	131	4.20	2.50	3,210	336
	70		70	2.39	1.91	2.73	1.27	149	4.80	2.90	3,745	392
	80		80	2.39	2.15	2.68	1.42	168	5.30	3.30	4,280	448
	90		90	2.39	2.38	2.64	1.58	186	5.90	3.70	4,815	504
	100		100	2.39	2.61	2.61	1.73	204	6.40	4.10	5,350	560
	120		120	2.39	3.06	2.55	2.03	240	7.40	4.80	6,420	672
配種期（年齡 6 月，成熟度 0.70）												
	40		60	2.39	1.28	3.20	0.85	105	3.60	2.10	2,140	224
	50		74	2.39	1.55	3.10	1.03	126	4.30	2.50	2,675	280
	60		88	2.39	1.81	3.02	1.20	147	4.90	3.00	3,210	336
	70		101	2.39	2.07	2.96	1.37	168	5.60	3.40	3,745	392
	80		115	2.39	2.32	2.91	1.54	189	6.20	3.90	4,280	448
	90		129	2.39	2.58	2.86	1.71	209	6.80	4.40	4,815	504
	100		143	2.39	2.82	2.82	1.87	230	7.50	4.80	5,350	560
	120		170	2.39	3.31	2.76	2.19	270	8.70	5.70	6,420	672
懷孕初期（單胎羔羊，體重 3.5～6.3 kg）												
	40	3.50	58	2.39	1.33	3.33	0.88	111	4.40	2.80	1,256	212
	50	3.90	71	2.39	1.60	3.20	1.06	132	5.10	3.30	1,570	265
	60	4.30	84	2.39	1.86	3.11	1.24	153	5.80	3.80	1,884	318
	70	4.70	97	2.39	2.12	3.03	1.41	174	6.50	4.30	2,198	371
	80	5.00	110	2.39	2.37	2.96	1.57	194	7.10	4.80	2,512	424
	90	5.40	123	2.39	2.62	2.91	1.74	214	7.80	5.30	2,826	477
	100	5.70	135	2.39	2.86	2.86	1.90	234	8.40	5.80	3,140	530
	120	6.30	161	2.39	3.34	2.78	2.21	273	9.60	6.80	3,768	636

備註：NRC, 美國國家科學院；TDN, 總可消化養分；CP, 粗蛋白質 , 以 40% 未降解攝食蛋白質 (UIP) 計算；g／d, g／日；RE／d, 視網膜醇當量 (retinol equivalents)／日；IU, 國際單位；kcal, 仟卡。

▶表 9-3　一歲女綿羊之營養分需要量 (NRC，2006)（續）

分類	體重 kg	出生體重 kg	體增重 g／d	飼糧能量濃度 kcal／kg	每日乾物質採食量		熱能需要量 TDN	蛋白質需要量 CP g／d	礦物質需要量		維生素需要量	
					kg	% 體重			鈣 g／d	磷 g／d	A RE／d	E IU／
一歲女綿羊												
㈣懷孕初期（雙胞胎羔羊，體重 3.1～5.5 kg）												
	40	3.10	70	2.87	1.15	2.88	0.91	114	5.50	3.20	1,256	212
	50	3.40	85	2.39	1.73	3.46	1.15	148	6.70	4.10	1,570	265
	60	3.80	100	2.39	2.01	3.35	1.33	171	7.60	4.80	1,884	318
	70	4.10	146	2.39	2.28	3.25	1.51	192	8.90	5.70	2,198	371
	80	4.40	110	2.39	2.54	3.17	1.68	214	9.00	5.70	2,512	424
	90	4.70	123	2.39	2.80	3.11	1.85	235	9.70	6.30	2,826	477
	100	5.00	135	2.39	3.05	3.05	2.02	257	10.50	6.80	3,140	530
	120	5.50	161	2.39	3.55	2.96	2.35	298	11.90	7.90	3,768	636
㈤懷孕末期（單胎羔羊，體重 3.5～6.3 kg）												
	40	3.90	71	2.39	1.00	2.49	0.66	96	4.30	2.60	1,820	224
	50	4.40	84	1.91	1.45	2.89	0.77	120	5.10	3.50	2,275	280
	60	4.80	97	1.91	1.63	2.71	0.86	134	5.70	4.00	2,730	336
	70	5.20	109	1.91	1.80	2.58	0.96	149	6.10	4.40	3,185	392
	80	5.60	120	1.91	1.98	2.47	1.05	163	6.60	4.80	3,640	448
	90	6.00	131	1.91	2.15	2.38	1.14	176	7.10	5.20	4,095	504
	100	6.30	142	1.91	2.30	2.30	1.22	189	7.50	5.50	4,550	560
	120	7.00	163	1.91	2.61	2.17	1.38	214	8.30	6.30	5,460	672
	140	7.50	183	1.91	2.89	2.06	1.53	237	9.00	6.90	6,370	784
㈥懷孕末期（雙胞胎羔羊，體重 3.4～6.6 kg）												
	40	3.40	119	2.87	1.06	2.66	0.85	123	6.30	3.40	1,820	224
	50	3.80	141	2.39	1.47	2.93	0.97	148	7.30	4.30	2,275	280
	60	4.20	161	2.39	1.65	2.75	1.09	165	8.10	4.80	2,730	336
	70	4.60	181	2.39	1.83	2.61	1.21	183	8.80	5.30	3,185	392
	80	4.90	200	2.39	1.99	2.48	1.32	198	9.40	5.80	3,640	448
	90	5.20	218	1.91	2.68	2.97	1.42	230	10.70	7.20	4,095	504
	100	5.50	236	1.91	2.87	2.87	1.52	246	11.30	7.70	4,550	560
	120	6.10	271	1.91	3.24	2.70	1.72	278	12.50	8.60	5,460	672
	140	6.60	304	1.91	3.57	2.55	1.89	307	13.60	9.50	6,370	784

備註：NRC, 美國國家科學院；TDN, 總可消化養分；CP, 粗蛋白質 , 以 40% 未降解攝食蛋白質 (UIP) 計算；g／d, g／日；RE／d, 視網膜醇當量 (retinol equivalents)／日；IU, 國際單位；kcal, 仟卡。

（二）綿羊之管理

1. 種公綿羊之管理

種公綿羊不可飼養過胖或太瘦，而且平常應給予充分之運動。在非繁殖季節，種公綿羊與母綿羊最好應隔離飼養，而當繁殖季節來臨時，再將種公綿羊放入種母綿羊群中，以刺激種母綿羊發情，同時以人工控制其配種。種公綿羊之配種次數應予適當之控制，通常在一個繁殖季節中，一頭種公綿羊約可配種 30～50 頭種母綿羊。

2. 種母綿羊之管理

種母綿羊亦不可飼養過胖或太瘦，而且平常亦應給予適當之運動。種母綿羊發情時，應予以配種，並記錄配種日期，以便推算其預產期。種母綿羊在懷孕期間應給予適當之營養與照顧，避免其發生流產。在懷孕後期，應密切注意種母綿羊之身體狀況。大約在預產期前 1～2 週，應將種母綿羊移置於乾淨之分娩欄中，使其適應新環境。分娩欄中應裝設保溫燈，以避免在夜間或寒冷季節時，羔羊出生後受凍死亡。在種母綿羊分娩前後，應給予清潔飲水，並供應輕瀉性飼料。種母綿羊分娩後，應注意其胎衣是否排出、乳房之泌乳是否正常、是否採食飼料等。新生羔羊應立即清除其口鼻之黏液，以助其順利開始呼吸，並以碘液浸泡其臍帶，且予以結紮。新生羔羊應儘速餵給初乳，以提高其育成率。

3. 羔羊之管理

羔羊較常見之管理工作，包括去角芽、去勢、編號與斷尾等，茲分述如下：

⑴去角芽

為使羊群管理上之方便，減少羊隻打鬥之傷害，維護管理人員之安全，降低羊隻破壞圍籬或其他設備，以及增加每單位面積之飼養頭數，因此除留作種用之公羔羊外，有角之羔羊通常在出生後3～7日內應將其角芽去除。羔羊去角芽之方法，包括使用棒狀苛性鈉、強力橡皮筋與電去角器（圖10–4）等，但以電去角器較常使用。

⑵去勢

不留作種用之公羔羊，常在出生後7～14日內予以去勢。去勢的方法有手術法、去勢夾法與橡皮筋束緊法等，其中以手術法較常用。

⑶編號

羔羊可使用剪耳號、刺號、掛耳標、掛頸圈或以不易脫落之染料塗在羊隻身上等方法來予以編號。當羊隻經編號後，在飼養管理上或配種上均較為方便，而且作各種紀錄時，也較不易混淆。有關綿羊的編號，請參考第223頁。

⑷斷尾

大部分綿羊品種均有長尾巴，因此會積聚大量糞尿在尾巴附近之羊毛上，不但影響羊隻之外觀，而且也易招來蚊蠅。另外，尾巴也會影響母綿羊之配種、產仔與剪毛，因此常實施斷尾。一般羔羊斷尾之時間，以出生後2週內為宜，因為如羔羊較大時才斷尾，則其傷害性可能較大。羔羊斷尾之方法，有手術法、去勢夾法、橡皮筋束緊法、熱烙鐵法與多用途剪刀法等，可視個人喜好選用。斷尾後之羔羊，應移置於舖有墊草之乾淨羊欄中，以減少傷口感染之機會。通常斷尾後之傷口約經 1 週即會結痂，此時應嚴防相互碰撞，以免傷口裂開而延長癒合之時間，並應防止蚊蠅之接觸。

4.修蹄

野生綿羊通常生長於粗糙不平之岩石或崎嶇不平的山坡地，這種野外環境有利於將蹄部的蹄甲自行磨掉。人類圈養的綿羊，大部分飼養在人工建造的羊舍建築內，放牧的機會較少，而且羊舍的運動場常為泥土地，因此必須定期修蹄，否則會使蹄甲過度增長，甚至扭曲變形，造成蹄部感染腐蹄病之機會。嚴重時會引起跛行，間接影響羊隻之採食與生長發育。修蹄之時間間隔與羊隻飼養之環境有密切關係，通常應每隔 2～3 個月檢視羊隻蹄甲之生長情形，以決定是否需要進行修蹄。常用的修蹄方式與修蹄步驟，請參考山羊之修蹄部分。在中國之青海、新疆、蒙古等地，綿羊群大都在野外牧地放牧，因此羊隻在移動時，蹄甲容易由牧地的岩石或石塊自行磨掉，因此修蹄的機會不多。有關修蹄方式，請參閱山羊部分之修蹄。

5.剪毛

⑴剪毛的季節

通常綿羊每年剪毛兩次，大約在春、秋二季實施，但有時為了配合管理上之需要，亦可個別進行配種前與分娩前之剪毛。在良好氣候條件下，綿羊在一年之任何時間均可剪毛，但如一年僅剪毛一次，則在春季剪毛為佳。另外，母綿羊最好在產羔之前剪毛。

⑵剪毛前之準備

羊群中準備剪毛之綿羊，應先使用可以洗掉之染料標識，以利剪毛時之區別。剪毛前，綿羊應集中於清潔乾燥之地區，以免剪後之羊毛受到汙染或水漬。另外，開始剪毛前，應先以毛刷將羊隻身上之羊毛予以刷整，以去除黏附於羊毛上之泥沙或汙物。

⑶剪毛之方法

剪毛之方法，一般可區分為手工剪毛法、機器剪毛法(圖 9–1)與化學剪毛法等三種。手工剪毛法之速度較慢，但較為安全；機器剪毛法較為快速，但也較易傷及羊隻之皮膚；化學剪毛法仍在試驗階段，而以機器剪毛法最常使用。剪毛時，應一次即完成，絕不可再剪第二次，否則羊毛被剪短後，其價值已大為降低。剪毛之順序如圖 9–2 所示。

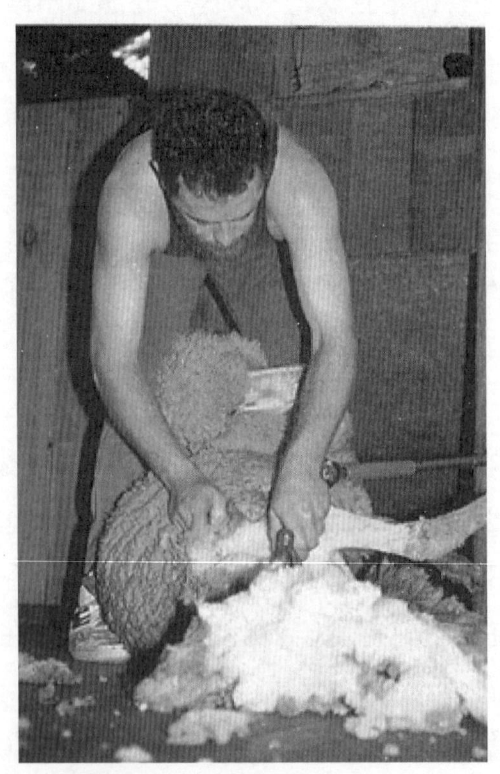

▶圖 9–1　機器剪毛（張義文攝）

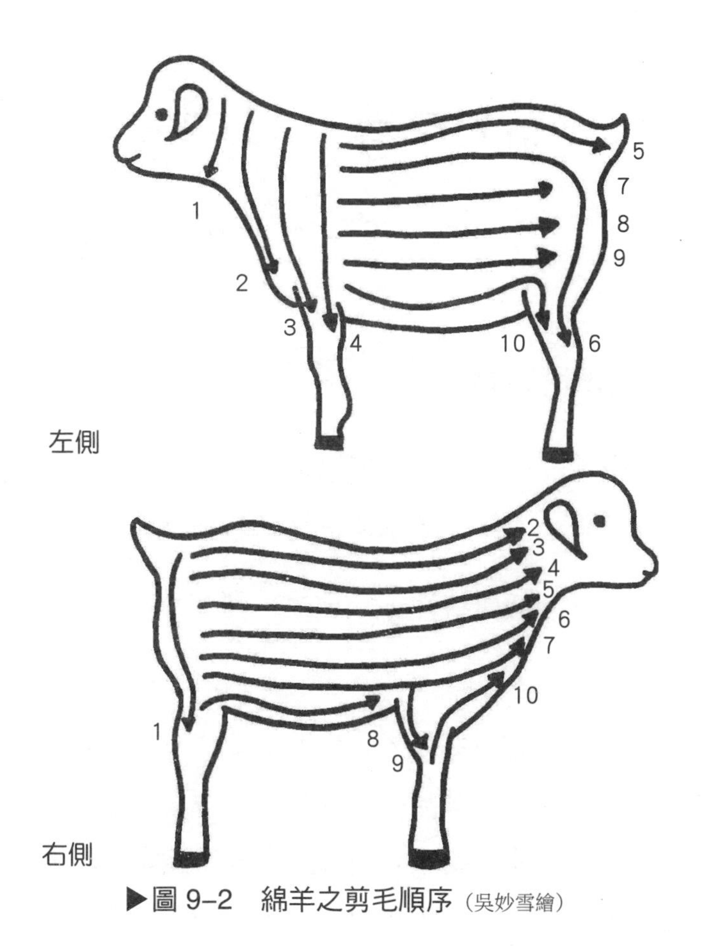

▶圖 9-2　綿羊之剪毛順序（吳妙雪繪）

6. 藥浴

綿羊易受外寄生蟲之危害，因此必須定期實施藥浴。通常每隔 3～6 個月應藥浴一次，可在剪毛後一個月左右，選擇天氣晴朗無風時施行較佳。羊群規模較大時，可在羊場內設置藥浴池，讓羊隻通過藥浴池藥浴。羊群規模小時，可使用大型塑膠桶或噴霧器施行藥浴。藥浴常使用之藥物，為 0.1～0.5% 之害蟲逃 (asuntol) 或牛豬安 (neguvon)，其藥效均佳。現在也有注射用之外寄生蟲藥物，如害獲滅 (ivomec) 可供使用，但通常需每隔 3～5 個月注射一次，因此需要較多勞力。

第十章　山羊

一、山羊之品種與特性

全世界之山羊品種多達 200 種以上，而依其主要用途可區分為乳用、毛用與肉用等三大類，茲就較常見之品種分述如下。

（一）乳用山羊之品種與特性

1. 撒能 (Saanen) 乳羊

撒能乳羊（彩圖 43）之原產地為瑞士，為全世界飼養數量最多，體形最大之乳用山羊品種。本品種乳羊全身毛色為白色或乳白色，毛髮細短有光澤，體形大，體態優美，體健溫順，頸下有肉垂，顎下有鬍鬚。公、母羊均有角，成熟公羊之體重約 70～90 公斤，母羊約 50～60 公斤。撒能乳羊之產乳量高，泌乳期長達 8～10 個月，惟乳脂率較低，僅約 3.5%，而一個泌乳期之總產乳量約 800～900 公斤。毛髮細短有光澤。

2. 土根堡 (Toggenburg) 乳羊

土根堡乳羊（彩圖 44）之原產地為瑞士，為最古老且最純之品種。體形較撒能乳羊為小，毛色為棕色，但四肢膝蓋以下為白色，其最主要之特徵是在臉部左右二頰各有一條白色條紋。公、母羊皆有角，頸下有肉垂，耐勞苦，適應能力佳。泌乳量高，泌乳期長達

8～10 個月，而一個泌乳期之總產乳量約 600～900 公斤，乳脂率約 3.5%。成熟公羊之體重約 75 公斤，母羊約 45 公斤。

3. 奴比亞 (Nubian) 乳羊

奴比亞乳羊（彩圖 45）之原產地為非洲，屬於較耐熱之乳羊品種，體形較撒能乳羊為小。毛色有褐色、黑色、灰色或雜色等多種，毛短而密生，主要特徵為耳扁大，長而下垂，鼻樑高拱似羅馬人之鼻子。公、母羊皆有角，頸下無肉垂，顎下亦無鬍鬚。耐熱、耐粗放，多產，產肉性佳，乳量中等，一個泌乳期之總產乳量約 700～900 公斤，而乳脂率較撒能乳羊為高。成熟公羊之體重約 60～65 公斤，母羊約 45 公斤。臺灣養羊業者常以本品種乳羊之公羊與臺灣之土山羊母羊雜交，以改良臺灣土山羊之體形。

4. 阿爾拜因 (Alpine) 乳羊

阿爾拜因乳羊（彩圖 46）是以瑞士乳羊為基本種畜，在法國山地育種改良而成。本品種乳羊體形大，骨架粗壯，機警，耐勞苦。毛色繁雜，自白色至黑色，或雜色者均有，但以黑白混雜而呈藍灰色或棕灰色者居多。公、母羊均有角，成熟公羊之體重約 70～80 公斤，母羊約 45～50 公斤。一個泌乳期之總泌乳量，約 600～900 公斤。

5. 賴滿嬌 (Lamancha) 乳羊

賴滿嬌乳羊（彩圖 47）是以西班牙山羊、美國加州之短耳 Lamancha 山羊與純種瑞士乳羊等，在美國雜交改良育成之品種。毛細短有光澤，毛色有多種，但以棕褐色居多，主要特徵是外耳很小或缺外耳。公、母羊均有角，一個泌乳期之總產乳量約 600～900 公斤，而乳脂率亦高。成熟公羊之體重約 70 公斤，母羊約 45 公斤。

（二）毛用山羊之品種與特性

1. 安哥拉 (Angora) 山羊

安哥拉山羊（彩圖 48）之原產地為土耳其之安哥拉地方。本品種山羊之體形大而粗壯，而美國安哥拉山羊因又混有墨西哥山羊之血統，因此體形更為粗大。安哥拉山羊所生產之羊毛，為純白色，但偶而亦有少量黑斑出現，羊毛品質細緻，富含油脂，且彎曲度大，稱為毛海 (mohair)，屬於國際上知名之高級羊毛。公、母羊均有角，成熟公羊之體重約 55～80 公斤，母羊約 40～45 公斤。臺灣曾引進此品種山羊飼養。

2. 喀什米爾 (Cashmere) 山羊

喀什米爾山羊（彩圖 49）原產於中國之西藏與蒙古地區、中亞西部之吉爾吉斯等高原地區，以及印度之喀什米爾地區，而以印度之喀什米爾地區聞名。喀什米爾山羊之體形較安哥拉山羊為小，耳朵薄長而下垂，耐寒性佳。喀什米爾山羊身上之被毛為純白色，可分為內、外兩層；外層之羊毛長約 10 公分，毛質較粗糙，內層之羊毛細短，光澤優美，為秋、冬季節所生長，量少價昂，為國際羊毛市場上之稀貴珍品，稱為罽賓毛 (Pashmina)。

3. 董 (Don) 山羊

董山羊原產於中亞之吉爾吉斯共和國，主要分布於蘇聯地區，也是優良的毛用種山羊。董山羊所生產之羊毛，其品質類似喀什米爾山羊，亦屬於內、外兩層，其中內層羊毛量少，品質優良，惟直徑較喀什米爾山羊所生產之內層羊毛稍粗，但亦為國際羊毛市場之稀貴珍品。

（三）肉用山羊之品種與特性

肉用山羊大多為世界各國所飼養之本地山羊，因此品種繁多，茲僅就臺灣所飼養之肉用山羊品種與特性分別介紹如下。

1. 中國山羊

中國山羊（彩圖 50）為自中國華南地區引入臺灣飼養之品種，通常毛色為黑色，但偶亦有褐色。中國山羊之體型小，生長較慢，但繁殖能力佳。為改善中國山羊體型小與生長慢之缺點，因此常以乳用山羊或肉用山羊與中國山羊進行雜交改良。

2. 印度山羊

印度山羊（彩圖 51）為早期臺灣自印度引進飼養之品種，體形與中國山羊相近，毛色為淡褐色，臉形較長，稍類似馬，而有馬羊之稱。

3. 波爾 (Boer) 山羊

波爾山羊（彩圖 52）之原產地有南非、印度與澳洲等不同說法，但以南非之可能性較高。波爾山羊體形大，毛色為白色，而頭頸部為紅及棕色，耳朵寬而下垂，為多肉且骨骼強健之優良肉用山羊品種。繁殖率性能佳，雙胞胎與三胞胎比例高，對精料飼養之反應良好，而對小灌木亦有偏好。臺灣於民國 83 年自澳洲引進波爾山羊之冷凍精液進行純種及與本地山羊之雜交試驗，並於民國 91 年經行政院農委會審定通過正式成為臺灣之山羊品種之一。民國 89 年美國已成功育成純黑色之波爾山羊。

（四）臺灣特有之山羊品種與特性

臺灣長鬃山羊（彩圖 53）為臺灣特有之山羊品種，因其血緣與羚羊相近，故又稱為臺灣羚羊。臺灣長鬃山羊之特徵是毛長皮厚，四肢粗短，蹄墊厚，全身為黑褐色，但以背部與頸部之中央顏色較黑，而膝蓋與頭部之顏色則較淡，頰、喉與上頸部為黃褐色；主要活動於海拔 2,000～3,000 公尺之原始針葉林、臨近箭竹草原與懸崖峭壁等高山地區。近年來由於臺灣長鬃山羊遭濫捕，以致數量銳減，而有瀕臨絕種之危機，因此政府已將臺灣長鬃山羊列為保育之國寶級山羊。

習　題

一、是非題

(　) 1. 山羊依用途可區分為乳用與肉用二大類。
(　) 2. 乳用山羊中，以撒能品種之產乳量最多。
(　) 3. 董山羊為分布於蘇俄之優良毛用種山羊。
(　) 4. 臺灣之肉用山羊以印度山羊為主。
(　) 5. 長鬃山羊為臺灣特有之山羊品種。

二、填充題

1. 毛用山羊之著名品種，包括______、______與______三個品種。
2. 山羊主要分為______、______與______三種用途。
3. 臺灣的肉用山羊，主要以______與______為主。
4. ______乳羊常用來改良臺灣的土山羊。

5.世界五大乳用山羊品種為_____、_____、_____、_____、_____。

三、問答題

1.簡述奴比亞乳羊之品種與特性。
2.簡述安哥拉山羊之品種與特性。
3.說明臺灣之肉用山羊品種與特性。

二、山羊之繁殖與育成

母山羊是否能順利且有規則的生產仔羊 ， 是山羊產業成功的關鍵。從繁殖上之觀點而言，公、母羊具有同樣之重要性，但母山羊生殖道所擔負之任務尤其繁重。

（一）性成熟與開始配種年齡

山羊之性成熟年齡，因品種、營養、地區與個體之不同而異。通常公山羊或母山羊約在 4～5 月齡已性成熟，但此時尚不可進行配種，否則會影響公羊與母羊之成熟體形與將來之各種生產性能。公、母山羊開始配種之年齡，應在 7～10 月齡或體重達 36～44 公斤以後較佳。

（二）繁殖季節

山羊屬於季節性生殖動物，其繁殖季節主要在短日照之秋、冬季，亦即正常繁殖季節約從每年之 8 月至翌年 3 月；但也有少數羊隻會在其他時間發情，尤以引入公羊或給予人工光照時為然。生長在熱帶地區之山羊，其生殖則常無季節性，因此在一年中之任何時間均可能發情、配種，但母羊以在乾燥季節來臨前產仔為佳，因為此時飼料之供應較豐富，這對母羊之營養與仔羊之生長均有助益。另外，仔羊之出生季節也影響其日後之配種年齡，因為以季節性生殖之山羊而言，若在正常繁殖季節末期才配種、受孕，則在當年出生之仔羊，當繁殖季節來臨時，可能尚未達到性成熟之年齡與體重，因此必須等到第二年之繁殖季節才可配種，如此必須多浪費一年之飼養管理費用。

（三）母羊之動情週期、配種適期與公羊之配種頻率

1. 母羊之動情週期與配種適期

母山羊之動情週期約 17～23 日，平均為 21 日，而年齡較大之母羊，其動情週期往往較長。母山羊之發情持續時間約 12～48 小時，而在發情開始後 12～36 小時排卵，因此配種適期是在母羊發情期之後半階段；亦即當觀察到母羊發情時，可先予配種一次，並間隔 12 小時後再予配種一次，如此可提高母羊之受孕率。

母羊發情時，會顯現外觀之發情徵候，包括外陰部潮紅腫脹，並排出黏液，尾巴下垂且搖動，神經質、咆哮、頻頻排尿，駕乘其他羊隻或被其他羊隻駕乘等。

通常在母羊配種之前 2～3 週，應給予催情，如此可增加其排卵數與生產多胞胎之機會。催情之方法，可增加精料或補充料之餵飼量。此外，在母羊配種前 1～2 週，也應給予驅蟲。

2. 公羊之配種頻率

通常公羊整年都可以配種，但母羊因屬於季節性生殖，因此只有在繁殖季節中之發情期才會接受公羊之配種。當繁殖季節剛來臨時，若將公羊引入母羊群中，或在母羊欄中放置含有公羊氣味之物體，則約在 1～2 週內會使羊群中大部分母羊同時發情。一隻優良之

種公羊，可在 1 日內配種 2 頭母羊，而每週約可配種 4～5 頭母羊，但絕不可過於頻繁配種，否則會影響其受孕率。

（四）母羊之懷孕期

母羊之懷孕期約為 145～155 日，平均為 150 日，但會受胎次、胎兒數、胎兒性別與母羊之營養狀況所影響。例如懷多胞胎或懷孕期間母羊之營養狀況較差時，懷孕期均會延長。母羊在懷孕之後半期階段，可由右腹部觸診到胎兒或胎動，亦可藉由超音波掃描看到胎兒。

（五）母羊之分娩過程

在母羊預產期前 2 週左右，應將其移入清潔及備有墊草之分娩欄內待產。在分娩前 1 週，可見母羊之乳房會明顯腫脹下垂，並充滿乳汁，但這種情況在初產母羊則不太明顯。通常母羊在分娩前會顯現一些徵候，如不安、以蹄墊翻攪墊草、尾根周圍肌肉鬆弛下陷、遠離羊群獨處於一側、頻頻排尿、常側視體軀後側、鳴叫等。接近分娩時，母羊外陰部會出現透明黏液，而當羊水袋破裂後，仔羊大約在 1 小時內即會產出。通常母羊之正常分娩時間約為 2 小時左右，而當第 1 隻仔羊產出後，約每隔 30 分鐘即會再分娩出 1 隻仔羊。當最後 1 隻仔羊產出後約 30 分鐘～1 小時，胎衣就會排出。

母羊分娩時，有二種正常之產式，第一種為仔羊二前肢向前而頭部介於二前肢間之前位產式（圖 10–1(a)），第二種為仔羊之二後肢向前而蹄部向上之後位產式（圖 10–1(b)）。雙胞胎之產式，亦屬於前位產式（圖 10–1(c)）。母羊分娩時，常見之不正常產式，包括後位產式但二後肢未伸出（圖 10–2(a)）、前位產式但頭部扭轉向後未置於二前肢之間（圖 10–2(b)）、前位產式但前肢僅伸出一肢（圖 10–2(c)）與前位產式但仔羊身體倒翻（圖 10–2(d)）等四種。在母羊分娩過程中，當母羊開始劇烈陣痛後 1 小時，若仍未見仔羊產出，則應請獸醫人員檢查其胎位是否正常，並給予適當之助產。

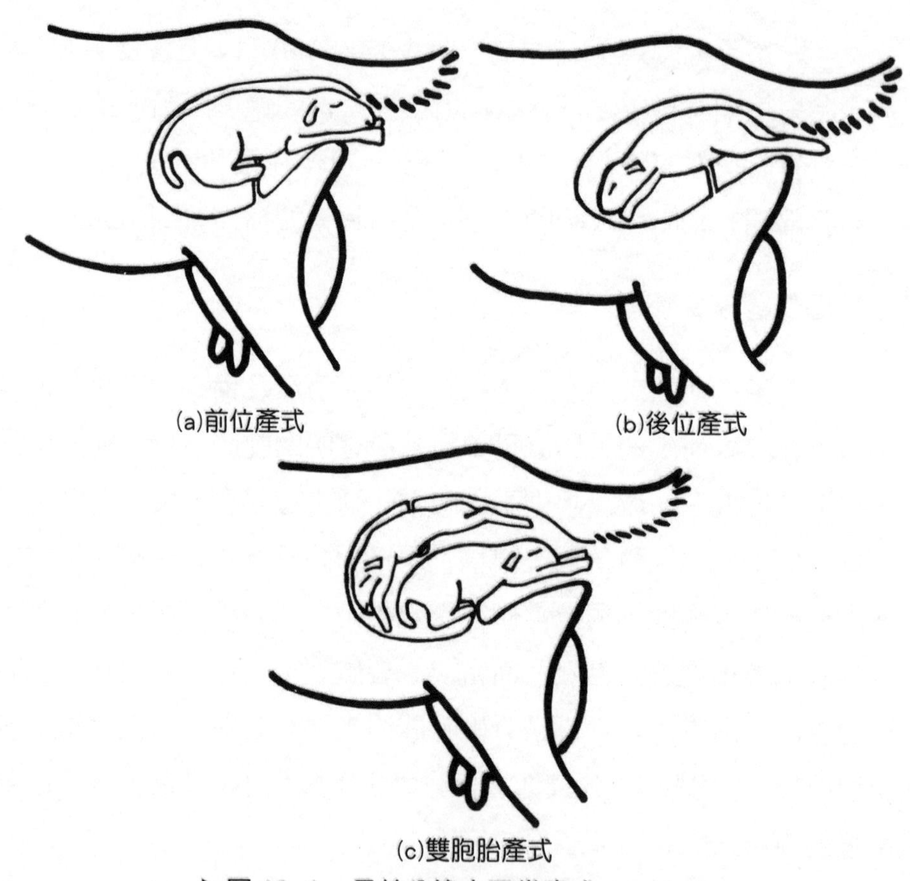

▶圖 10–1　母羊分娩之正常產式（吳妙雪繪）

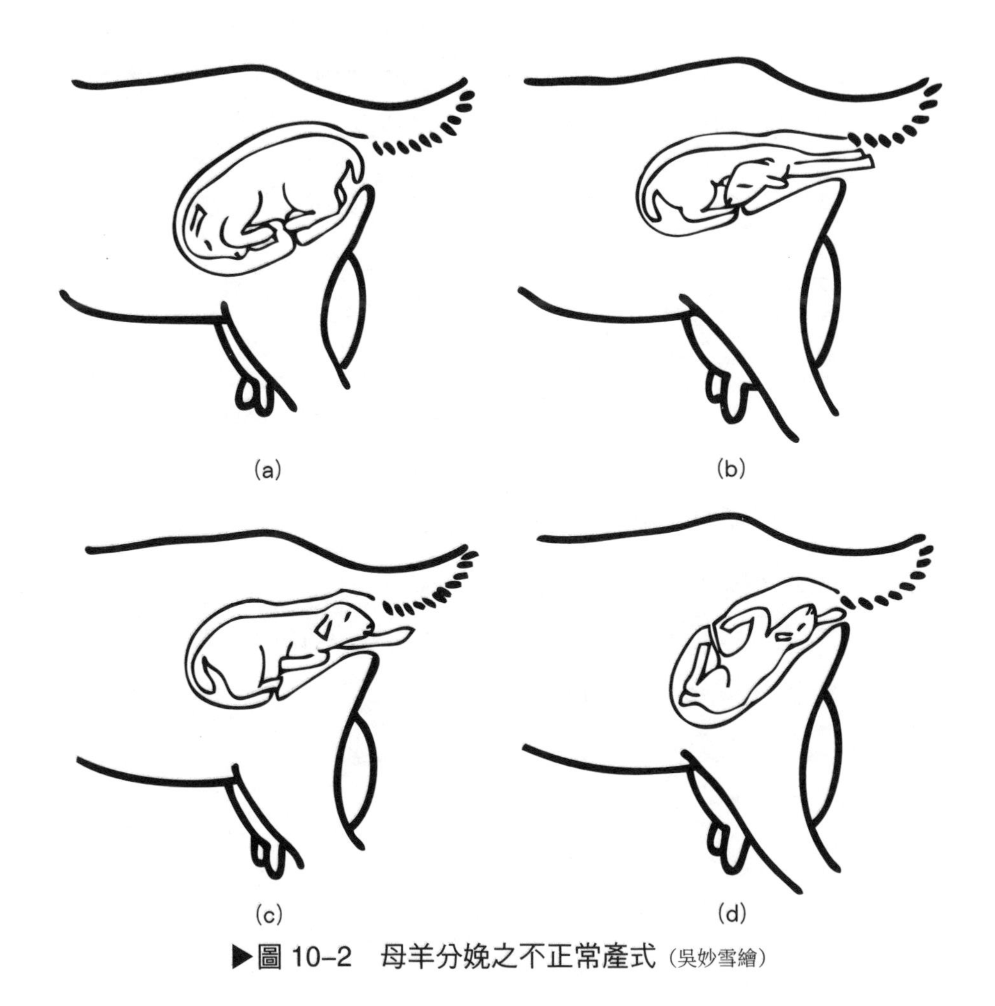

▶圖 10–2　母羊分娩之不正常產式（吳妙雪繪）

（六）仔羊產出後之處理

仔羊順利產出後，應立即清除其口鼻中之黏液，並輕拍其四肢，或將其由二後肢提起，而使頭部向下，以幫助其開始呼吸。通常在仔羊產出後，臍帶會自然拉斷，而為防止臍帶受到感染，可使用 7% 之碘液浸泡臍帶，並在臍帶根部約 2～3 公分處，以絲線結紮，然後將多餘部分剪除，且每日在傷口處噴灑碘液，直至臍帶乾縮為止。新生仔羊應儘快餵給初乳，因為初乳中含有豐富之營養分與免疫球蛋白，可防止仔羊受病原菌感染，而大大增加其育成率。仔羊餵飼初乳時，初期每日應餵食 4～5 次，其後可改為每日餵食 3 次。另外，在寒冷季節出生之仔羊，應提供保溫設備，以防受寒。

（七）種公羊之選擇

就繁殖上而言，公羊與母羊具有同等之重要性，但在羊群中，母羊之數量遠較公羊為多，因此種公羊之選擇應該較種母羊為嚴格。一般而言，優良之種公羊應具備下列條件：

1. 健康，無任何疾病。
2. 種公羊之親代的產乳量應較種母羊之親代的產乳量為高。
3. 在配種季節，種公羊每日應餵給 0.5 公斤以上之精料與適當量之青割牧草或乾草。換言之，種公羊應有適當之體重，不可太胖或太瘦。
4. 若要育成純種之仔羊，則配種時須選擇同一品種之純種公羊。假如要育成雜交種仔羊，則可選擇本地種母羊與外來種公羊雜交。
5. 為增加仔羊之健壯與活力，可使用二品種以上之公羊來配種。
6. 不可使用無角種公羊與無角種母羊配種，否則仔羊可能出現缺陷或產生陰陽性。
7. 種公羊應具有雄性特徵，而且二個睪丸要發育正常。

（八）仔羊之育成

新生仔羊通常可採用自然哺乳與人工哺育等二種育成方法，但不論採取哪一種方法，在仔羊剛出生後之 3～5 日內，一定要餵飼初乳；因為初乳中含有豐富之維生素 A、高量之乳脂與大量之免疫球蛋白（抗體)，可以維持新生仔羊之健康，提高其育成率。此外，初乳亦具有輕瀉性，能幫助仔羊排除胎便。茲就新生仔羊常用之育成方法分述如下：

1. 自然哺乳法

在羊乳價格較低廉之夏季，採用自然哺乳法育成仔羊是較節省成本與勞力之方法。這種方法是在仔羊出生後，即讓其跟著母羊自行哺乳，但要在仔羊 2～3 週齡以後，提供少量精料與草料以訓練其早日學習吃草與精料，而為日後之離乳預作準備，此即稱為教槽。在仔羊 3～4 月齡時，應視其身體發育之情況分別予以離乳，而改餵給精料與草料。自然哺乳法多為肉羊飼養者所普遍採用。

2. 人工哺育法

這種方法是在仔羊出生後立即與母羊分開，而完全使用人工來飼育仔羊，因此較自然哺乳法花費勞力。人工哺育法可使用乳瓶（圖 10–3(a)）、淺盤（圖 10–3(b)）、桶式哺乳器（圖 10–3(c)）與管狀哺乳器（圖 10–4(d)）或多乳瓶哺乳器（圖 10–4(e)）等多種方式來餵飼仔羊，但也應提早訓練仔羊吃草料與精料。在仔羊 3～4 月齡時，應視其身體發育之狀況分別予以離乳，而改餵給精料與草料。人工哺育法多為乳羊飼養者所普遍採用。

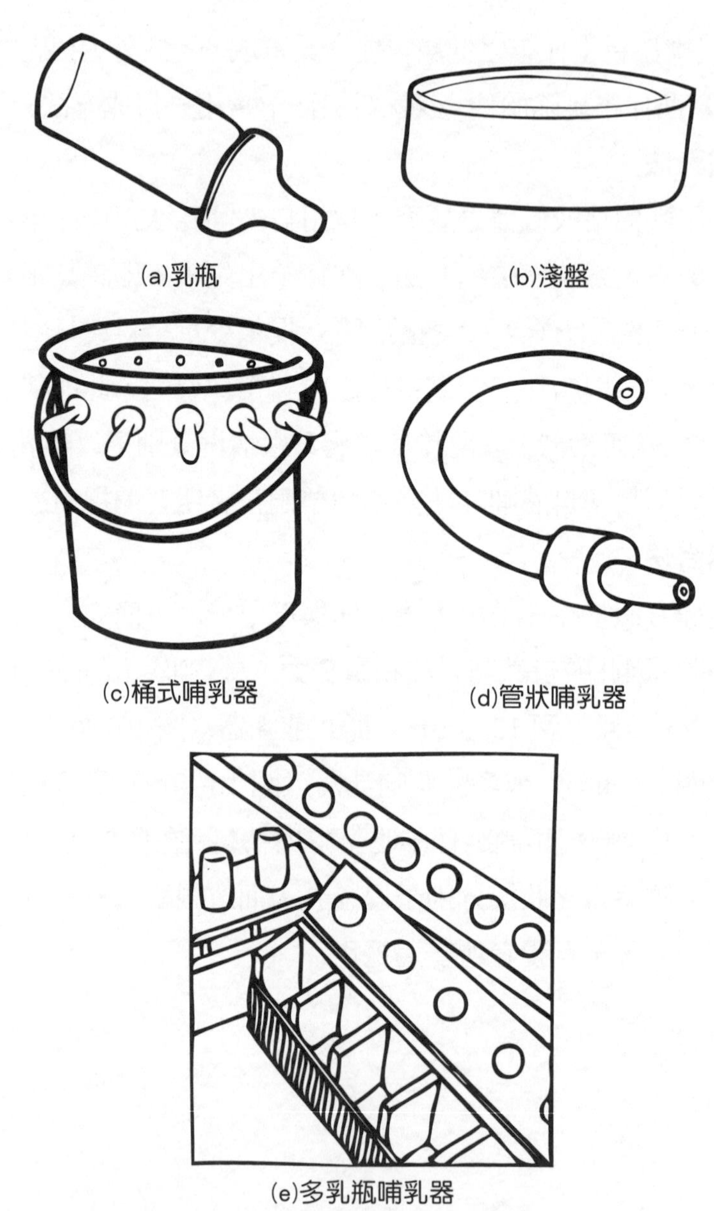

▶圖 10–3　人工哺育法所使用之器具（吳妙雪繪）

習　題

一、是非題

(　) 1.在羊群中，種公羊之選擇應較種母羊為嚴格。

(　) 2.母羊分娩時，只有二前肢向前的前位產式是屬於正常產式。

(　) 3.山羊一般屬於非季節性生殖，故整年都可以繁殖。

(　) 4.母山羊發情時，外陰部潮紅腫脹並排出黏液，故易於觀察。

(　) 5.母羊懷多胞胎時，其懷孕期常會縮短。

二、填充題

1.仔羊的育成方法，分為______法與______法。

2.山羊的懷孕期約______日，平均為______日。

3.山羊一般為______生殖動物，常在日照______時進入繁殖季節。

4.公、母山羊繁殖的適當年齡，以______月齡或體重達______公斤以後為佳。

5.母羊分娩時，有______產式與______產式等二種正常產式。

三、問答題

1.仔羊產出後，應如何照顧？

2.簡述仔羊的育成方法。

3.說明種公羊的選擇。

三、山羊之飼養

（一）山羊之營養分需要量

乳用與肉用母山羊、乳用與肉用公山羊在不同階段之營養分需要量，分別如本小節末之表 10–1、表 10–2、表 10–3 與表 10–4 所示，可按照其營養標準來調配飼料。尤其山羊的活動量較綿羊為高，因此常有能量不足的問題，此點需特別注意。

（二）仔羊之飼養

仔羊之育成方法有很多種，但最普遍之方法是在仔羊出生後立即與母羊分開，而完全由人工來飼養。在仔羊飼養上應該注意的問題，包括下列各項：

1. 清潔

清潔是維持仔羊健康之最重要因素，因此餵飼仔羊所需之各種用具，如乳瓶、乳嘴、乳桶、淺盤、飼料槽與飼料桶等，在餵飼前後均須徹底洗淨，並保持乾燥，以避免引起仔羊之消化干擾或下痢。

2. 羊乳或代用乳之適當調配

仔羊剛出生時，需餵飼 3～5 日之初乳，然後再繼續餵給羊乳或改餵代用乳。如果選擇繼續餵給仔羊羊乳時，則羊乳不需作任何調配，但如選擇改用代用乳餵給仔羊時，則代用乳之調配濃度必須適當，不可太濃或太稀。因為濃度太濃時，可能造成消化干擾，而濃度太稀時，則會造成營養不良。

3. 儘可能以溫乳餵飼，並注意餵飼次數

以羊乳或代用乳餵飼前，應加溫至約 39 °C，而且餵飼量在仔羊年齡較小時，應採用少量多餐之方式，然後隨仔羊年齡之增長而逐步調整餵飼量與餵飼次數。通常在仔羊剛出生時，每日應餵飼 4～5 次；而在 2～3 週齡時，每日之餵飼次數可減為 2～3 次。

4. 考慮餵給飼料之經濟性

當羊乳價格好時，應該儘早改用牛乳或代用乳來餵飼。在仔羊 3～4 週齡時，除餵給牛乳或代用乳外，也可以提供一些草或飼料作為教槽料，以降低飼料成本。提早餵給仔羊切短之青割牧草或乾草，可促進其瘤胃提早發育。

5. 儘量提早離乳

當仔羊 2～3 月齡時，應視其身體發育之狀況分別予以離乳，而改餵給精料與草料，以降低飼料成本與減少餵飼之勞力。

6. 不可餵飼過量或餵飼不足

無論仔羊在餵飼乳汁階段或離乳後改餵飼精料與草料時，均不可餵飼過量或餵飼不足；因為餵飼過量會引起消化問題，而抑制仔羊之生長，而餵飼過量將造成肥胖問題，而影響羊隻以後之生產與繁殖性能。

7. 餵飼之次數與時間應保持規律化

（三）仔羊離乳後至一歲齡山羊之飼養

此階段之飼養方法，主要是提供仔羊足夠之營養，以促進其正常之生長發育，因此必須供應仔羊足夠的高品質牧草，包括禾本科牧草與豆科牧草、樹葉或給予放牧；另外也要給予蛋白質補充料、礦物鹽與清潔之飲水等，並應給予適當之運動。

（四）一歲齡山羊之飼養

一歲齡山羊之飼養目標，是提供足夠其身體維持與生長所需之營養分，因此如餵飼過量將造成羊隻過度肥胖，而引起配種困難，但若餵飼不足，則會造成羊隻發育不良。一歲齡山羊應供應其優良品質之牧草，並每日給予 0.2～0.3 公斤之精料，而牧草品質較差時，精料之給予量應提高至每日 0.5～0.7 公斤 ，且精料之蛋白質含量約為 12～14%。另外，也必須給予清潔之飲水，微量礦物質應給予任食，並應給予適當之運動。一歲齡山羊飼養是否適當，可由羊隻之外觀來判斷，通常可用手指觸摸其肋骨，若感覺不出肋骨，則表示羊隻飼養得過肥，因此必須適度減少草料與精料之餵飼量；反之，若肋骨外觀極為明顯，則表示羊隻飼養得太瘦，因此必須適量增加草料與精料之餵飼量。

（五）懷孕母羊之飼養

懷孕母羊在分娩前 4～6 週應給予乾乳，以提供胎兒適當發育之營養，並使母羊保存相當之營養分，以備泌乳初期營養分吸收不足之需。懷孕末期之母羊，若有良好之牧草地放牧時，再配合供應一些豆科牧草，其營養應已足夠；但若無牧草地可放牧，則可使用豆科之苜蓿乾草與禾本科之百慕達乾草混合餵飼，而若母羊較瘦時，每日應再補充 0.25～0.70 公斤之精料。母羊餵飼禾本科牧草時，精料之粗蛋白質含量應為 16% ，而若餵飼豆科牧草時 ，則精料之粗蛋白質含量可降為 12% 即可。在母羊分娩前 4～5 日，精料之餵飼量應降為一半，並改餵具有輕瀉性之飼料，如麩皮、燕麥等，以助其分娩順利。

（六）泌乳母羊之飼養

為滿足泌乳母羊在泌乳階段之營養需要，必須給予最佳品質之豆科或禾本科牧草或乾草，然後並給予適量之精料，而草料之給予應適度限制。精料之給予量應隨母羊之泌乳量而調整，在泌乳初期，由於泌乳量較少，因此每泌乳 1.0～1.5 公斤，需餵給約 0.4～0.5 公斤之精料；在泌乳中期，泌乳量較高，因此每泌乳 1.5～2.0 公斤，需餵給 0.8～1.0 公斤之精料；而至泌乳末期，泌乳量逐漸減少，因此每泌乳 0.5～1.0 公斤，只需餵給 0.2～0.3 公斤之精料。至於精料之粗蛋白質含量應視餵飼之牧草類而定，若餵給高品質之豆科牧草時，精料之粗蛋白質含量僅需 12～14%，而若餵給禾本科牧草時，則精料之粗蛋白質含量應提高為 16～18%。

（七）種公羊之飼養

餵飼種公羊之飼料種類可與母羊相同，但因種公羊之體形通常較母羊為大，且體重較重，因此餵飼之飼料量亦應較母羊稍多。在生長階段之年輕公羊，每日應有 0.45～0.90 公斤之增重，但也不可餵飼過量，以免過度肥胖，而影響日後之繁殖性能。在非繁殖季節，公羊無需配種時，只要供應良好品質之牧草或乾草，再配合給予少量之精料，已足夠維持其營養需要；但在接近配種季節前 2～3 週，精料之給予量應增加至每日 0.5～0.9 公斤以上，以為繁殖季節之配種需求而預作準備。此外，種公羊應給予適度之運動，供應清潔之飲水，並給予任食之微量礦物質，以保持其身體之健康與維持正常之活力。

▶表 10-1 成年母乳用山羊之營養分需要量 (NRC，2006)

分類	體重 kg	出生體重 kg	體增重 g／d	飼糧能量濃度 kcal／kg	每日乾物質採食量		熱能需要量 TDN	蛋白質需要量 CP g／d	礦物質需要量		維生素需要量	
					kg	% 體重			鈣 g／d	磷 g／d	A RE／d	E IU／d
成年母山羊												
(一)僅維持												
	20		0	1.91	0.59	2.96	0.31	38	1.30	0.90	628	106
	30		0	1.91	0.80	2.68	0.43	51	1.60	1.20	942	159
	40		0	1.91	1.00	2.49	0.53	64	1.90	1.50	1,256	212
	50		0	1.91	1.18	2.36	0.62	75	2.10	1.70	1,570	265
	60		0	1.91	1.35	2.25	0.72	86	2.40	2.00	1,884	318
	70		0	1.91	1.52	2.17	0.80	97	2.60	2.20	2,198	371
	80		0	1.91	1.68	2.10	0.89	107	2.80	2.40	2,512	424
	90		0	1.91	1.83	2.03	0.97	116	3.00	2.60	2,826	477
(二)配種期												
	20		0	1.91	0.65	3.26	0.35	42	1.40	1.00	628	106
	30		0	1.91	0.88	2.95	0.47	57	1.70	1.30	942	159
	40		0	1.91	1.10	2.74	0.58	70	2.00	1.60	1,256	212
	50		0	1.91	1.30	2.59	0.69	83	2.30	1.90	1,570	265
	60		0	1.91	1.49	2.48	0.79	95	2.60	2.10	1,884	318
	70		0	1.91	1.67	2.38	0.88	106	2.80	2.40	2,198	371
	80		0	1.91	1.84	2.30	0.98	117	3.10	2.60	2,512	424
	90		0	1.91	2.01	2.24	1.07	128	3.30	2.90	2,826	477
(三)懷孕初期（單胎仔羊，體重 2.3～5.2 kg）												
	20	2.30	9	1.91	0.70	3.50	0.37	59	3.40	1.80	628	106
	30	2.90	13	1.91	0.94	3.12	0.50	77	3.80	2.10	942	159
	40	3.40	16	1.91	1.15	2.88	0.61	94	4.10	2.40	1,256	212
	50	3.80	19	1.91	1.35	2.70	0.72	109	4.30	2.70	1,570	265
	60	4.20	21	1.91	1.54	2.57	0.82	123	4.60	3.00	1,884	318
	70	4.60	24	1.91	1.72	2.46	0.91	137	4.90	3.20	2,198	371
	80	4.90	27	1.91	1.89	2.37	1.00	150	5.10	3.40	2,512	424
	90	5.20	29	1.91	2.06	2.29	1.09	162	5.30	3.70	2,826	477

備註：NRC, 美國國家科學院；TDN, 總可消化養分；CP, 粗蛋白質 , 以 40% 未降解攝食蛋白質 (UIP) 計算；g／d, g／日；RE／d, 視網膜醇當量 (retinol equivalents)／日；IU, 國際單位；kcal, 仟卡。

▶表 10-1　成年母乳用山羊之營養分需要量 (NRC，2006)（續）

分類	體重 kg	出生體重 kg	體增重 g／d	飼糧能量濃度 kcal／kg	每日乾物質採食量		熱能需要量 TDN	蛋白質需要量 CP g／d	礦物質需要量		維生素需要量	
					kg	% 體重			鈣 g／d	磷 g／d	A RE／d	E IU／d
成年母山羊												
(四)懷孕初期（雙胞胎仔羊，體重 2.1～4.8 kg）												
	20	2.10	16	2.39	0.61	3.03	0.40	64	4.90	2.30	628	106
	30	2.60	21	1.91	1.00	3.35	0.53	90	5.40	2.80	942	159
	40	3.00	26	1.91	1.23	3.07	0.65	108	5.70	3.10	1,256	212
	50	3.40	31	1.91	1.44	2.88	0.76	125	6.00	3.40	1,570	265
	60	3.80	36	1.91	1.64	2.73	0.87	142	6.30	3.70	1,884	318
	70	4.10	40	1.91	1.83	2.61	0.97	156	6.60	3.90	2,198	371
	80	4.50	44	1.91	2.02	2.52	1.07	172	6.80	4.20	2,512	424
	90	4.80	49	1.91	2.19	2.44	1.16	186	7.00	4.40	2,826	477
(五)懷孕末期（單胎仔羊，體重 2.3～5.2 kg）												
	20	2.30	38	2.87	0.60	2.99	0.48	78	3.30	1.70	910	112
	30	2.90	51	2.39	0.95	3.15	0.63	107	3.80	2.20	1,365	168
	40	3.40	63	2.39	1.15	2.88	0.76	128	4.10	2.40	1,820	224
	50	3.80	75	1.91	1.67	3.34	0.89	159	4.80	3.10	2,275	280
	60	4.20	86	1.91	1.89	3.15	1.00	178	5.10	3.40	2,730	336
	70	4.60	97	1.91	2.11	3.01	1.12	197	5.40	3.70	3,185	392
	80	4.90	107	1.91	2.31	2.88	1.22	214	5.70	4.00	3,640	448
	90	5.20	117	1.91	2.50	2.78	1.32	230	5.90	4.30	4,095	504
(六)懷孕末期（雙胞胎仔羊，體重 2.6～4.8 kg）												
	20	2.10	66	2.87	0.68	3.41	0.54	100	5.00	2.40	910	112
	30	2.00	85	2.87	0.89	2.96	0.71	127	5.20	2.70	1,365	168
	40	3.00	106	2.39	1.28	3.21	0.85	157	5.80	3.20	1,820	224
	50	3.40	125	2.39	1.49	2.98	0.99	181	6.10	3.50	2,275	280
	60	3.80	143	2.39	1.69	2.82	1.12	203	6.40	3.70	2,730	336
	70	4.10	161	2.39	1.87	2.68	1.24	222	6.60	4.00	3,185	392
	80	4.50	178	2.39	2.06	2.58	1.37	245	6.90	4.30	3,640	448
	90	4.80	194	1.91	2.79	3.10	1.48	284	7.90	5.20	4,095	504

備註：NRC, 美國國家科學院；TDN, 總可消化養分；CP, 粗蛋白質 , 以 40% 未降解攝食蛋白質 (UIP) 計算；g／d, g／日；RE／d, 視網膜醇當量 (retinol equivalents)／日；IU, 國際單位；kcal, 仟卡。

▶表 10-2　成年母肉用山羊之營養分需要量 (NRC，2006)

分類	體重 kg	出生體重 kg	體增重 g／d	飼糧能量濃度 kcal／kg	每日乾物質採食量		熱能需要量 TDN	蛋白質需要量 CP g／d	礦物質需要量		維生素需要量	
					kg	% 體重			鈣 g／d	磷 g／d	A RE／d	E IU／d
成年母山羊												
㈠僅維持												
	20		0	1.91	0.50	2.50	0.26	35	1.20	0.80	628	106
	30		0	1.91	0.68	2.26	0.36	47	1.40	1.00	942	159
	40		0	1.91	0.84	2.10	0.45	58	1.70	1.30	1,256	212
	50		0	1.91	0.99	1.99	0.53	68	1.90	1.50	1,570	265
	60		0	1.91	1.14	1.90	0.60	78	2.10	1.70	1,884	318
	70		0	1.91	1.28	1.83	0.68	88	2.30	1.90	2,198	371
	80		0	1.91	1.41	1.77	0.75	97	2.50	2.00	2,512	424
	90		0	1.91	1.54	1.72	0.82	106	2.60	2.20	2,826	477
㈡配種期												
	20		0	1.91	0.55	2.75	0.29	38	1.30	0.90	628	106
	30		0	1.91	0.75	2.48	0.40	51	1.50	1.10	942	159
	40		0	1.91	0.92	2.31	0.49	64	1.80	1.40	1,256	212
	50		0	1.91	1.09	2.19	0.58	75	2.00	1.60	1,570	265
	60		0	1.91	1.25	2.09	0.66	86	2.20	1.80	1,884	318
	70		0	1.91	1.41	2.01	0.75	96	2.50	2.00	2,198	371
	80		0	1.91	1.55	1.94	0.82	106	2.70	2.20	2,512	424
	90		0	1.91	1.70	1.89	0.90	116	2.90	2.40	2,826	477
㈢懷孕初期（單胎仔羊，體重 2.3～5.2 kg）												
	20	2.30	9	1.91	0.61	3.04	0.32	55	3.30	1.70	628	106
	30	2.90	13	1.91	0.81	2.70	0.43	73	3.60	2.00	942	159
	40	3.40	16	1.91	0.99	2.49	0.53	88	3.90	2.20	1,256	212
	50	3.80	19	1.91	1.16	2.33	0.62	102	4.10	2.40	1,570	265
	60	4.20	21	1.91	1.33	2.21	0.70	115	4.30	2.70	1,884	318
	70	4.60	24	1.91	1.48	2.12	0.79	128	4.50	2.90	2,198	371
	80	4.90	27	1.91	1.63	2.04	0.87	140	4.70	3.10	2,512	424
	90	5.20	29	1.91	1.77	1.97	0.94	151	4.90	3.30	2,826	477

備註：NRC, 美國國家科學院；TDN, 總可消化養分；CP, 粗蛋白質 , 以 40% 未降解攝食蛋白質 (UIP) 計算；g／d, g／日；RE／d, 視網膜醇當量 (retinol equivalents)／日；IU, 國際單位；kcal, 仟卡。

▶表 10-2　成年母肉用山羊之營養分需要量 (NRC，2006)（續）

分類	體重 kg	出生體重 kg	體增重 g／d	飼糧能量濃度 kcal／kg	每日乾物質採食量		熱能需要量 TDN	蛋白質需要量 CP g／d	礦物質需要量		維生素需要量	
					kg	% 體重			鈣 g／d	磷 g／d	A RE／d	E IU／d
成年母山羊												
㈣懷孕初期（雙胞胎仔羊，體重 2.1～4.8 kg）												
	20	2.10	16	2.91	0.66	3.32	0.35	66	4.90	2.40	628	106
	30	2.60	21	1.91	0.88	2.93	0.47	85	5.20	2.70	942	159
	40	3.00	26	1.91	1.07	2.68	0.57	102	5.50	2.90	1,256	212
	50	3.40	31	1.91	1.25	2.51	0.66	118	5.70	3.20	1,570	265
	60	3.80	36	1.91	1.43	2.38	0.76	134	6.00	3.40	1,884	318
	70	4.10	40	1.91	1.59	2.27	0.84	147	6.20	3.60	2,198	371
	80	4.50	44	1.91	1.75	2.19	0.93	162	6.40	3.80	2,512	424
	90	4.80	49	1.91	1.91	2.12	1.01	175	6.70	4.00	2,826	477
㈤懷孕末期（單胎仔羊，體重 2.3～5.2 kg）												
	20	2.30	38	2.39	0.64	3.22	0.43	80	3.40	1.70	910	112
	30	2.90	51	2.39	0.85	2.82	0.56	103	3.70	2.00	1,365	168
	40	3.40	63	2.39	1.03	2.56	0.68	123	3.90	2.30	1,820	224
	50	3.80	75	1.91	1.49	2.97	0.79	152	4.50	2.90	2,275	280
	60	4.20	86	1.91	1.68	2.80	0.89	170	4.80	3.10	2,730	336
	70	4.60	97	1.91	1.87	2.67	0.99	188	5.10	3.40	3,185	392
	80	4.90	107	1.91	2.04	2.55	1.08	204	5.30	3.60	3,640	448
	90	5.20	117	1.91	2.21	2.46	1.17	219	5.50	3.90	4,095	504
㈥懷孕末期（雙胞胎仔羊，體重 2.1～4.8 kg）												
	20	2.10	66	2.87	0.62	3.10	0.49	98	4.90	2.30	910	112
	30	2.60	85	2.87	0.80	2.68	0.64	123	5.10	2.50	1,365	168
	40	3.00	106	2.39	1.16	2.90	0.77	153	5.60	3.00	1,820	224
	50	3.40	125	2.39	1.34	2.69	0.89	175	5.90	3.30	2,275	280
	60	3.80	143	2.39	1.52	2.54	1.01	197	6.10	3.50	2,730	336
	70	4.10	161	2.39	1.68	2.40	1.12	215	6.30	3.70	3,185	392
	80	4.50	178	1.91	2.32	2.90	1.23	254	7.20	4.60	3,640	448
	90	4.80	194	1.91	2.51	2.79	1.33	273	7.50	4.90	4,095	504

備註：NRC, 美國國家科學院；TDN, 總可消化養分；CP, 粗蛋白質 , 以 40% 未降解攝食蛋白質 (UIP) 計算；g／d, g／日；RE／d, 視網膜醇當量 (retinol equivalents)／日；IU, 國際單位；kcal, 仟卡。

▶表 10–3　成年公乳用山羊之營養分需要量 (NRC，2006)

分類	體重 kg	出生體重 kg	體增重 g／d	飼糧能量濃度 kcal／kg	每日乾物質採食量		熱能需要量 TDN	蛋白質需要量 CP g／d	礦物質需要量		維生素需要量	
					kg	% 體重			鈣 g／d	磷 g／d	A RE／d	E IU／d
公山羊												
(一)維持												
	50		0	1.91	1.36	2.71	0.72	82	2.40	2.00	1,570	265
	75		0	1.91	1.84	2.45	0.97	111	3.00	2.60	2,355	398
	100		0	1.91	2.28	2.28	1.21	137	3.70	3.20	3,140	530
	125		0	1.91	2.69	2.16	1.43	162	4.20	3.80	3,925	663
	150		0	1.91	3.09	2.06	1.64	186	4.80	4.30	4,710	795
(二)配種前												
	50		0	1.91	1.49	2.98	0.79	90	2.60	2.10	2,775	280
	75		0	1.91	2.02	2.69	1.07	122	3.30	2.90	3,413	420
	100		0	1.91	2.51	2.51	1.33	151	4.00	3.50	4,550	560
	125		0	1.91	2.96	2.37	1.57	178	4.60	4.10	5,688	700
	150		0	1.91	3.40	2.27	1.80	204	5.20	4.70	6,825	840

備註：NRC, 美國國家科學院；TDN, 總可消化養分；CP, 粗蛋白質 , 以 40% 未降解攝食蛋白質 (UIP) 計算；g／d, g／日；RE／d, 視網膜醇當量 (retinol equivalents)／日；IU, 國際單位；kcal, 仟卡。

▶表 10–4　成年公肉用山羊之營養分需要量 (NRC，2006)

分類	體重 kg	出生體重 kg	體增重 g／d	飼糧能量濃度 kcal／kg	每日乾物質採食量		熱能需要量 TDN	蛋白質需要量 CP g／d	礦物質需要量		維生素需要量	
					kg	% 體重			鈣 g／d	磷 g／d	A RE／d	E IU／d
公山羊												
(一)維持												
	50		0	1.91	1.14	2.29	0.61	74	2.10	1.70	1,570	265
	75		0	1.91	1.55	2.06	0.82	100	2.70	2.20	2,355	398
	100		0	1.91	1.92	1.92	1.02	124	3.20	2.70	3,140	530
	125		0	1.91	2.27	1.82	1.20	146	3.70	3.20	3,925	663
	150		0	1.91	2.60	1.74	1.38	167	4.10	3.70	4,710	795
(二)配種前												
	50		0	1.91	1.26	2.51	0.67	81	2.20	1.80	2,775	280
	75		0	1.91	1.70	2.27	0.90	110	2.90	2.40	3,413	420
	100		0	1.91	2.11	2.11	1.12	136	3.40	3.00	4,550	560
	125		0	1.91	2.50	2.00	1.32	161	4.00	3.50	5,688	700
	150		0	1.91	2.86	1.91	1.52	184	4.50	4.00	6,825	840

備註：NRC, 美國國家科學院；TDN, 總可消化養分；CP, 粗蛋白質 , 以 40% 未降解攝食蛋白質 (UIP) 計算；g／d, g／日；RE／d, 視網膜醇當量 (retinol equivalents)／日；IU, 國際單位；kcal, 仟卡。

四、山羊之管理

(一) 仔羊之去角芽

山羊無論公羊或母羊，通常天生均會長角，而在羊群之管理上，為維護管理人員之安全，減少羊隻相互打鬥之傷害，增加每單位面積之飼養頭數與避免羊隻破壞圍籬或羊舍設備，因此除留作種用之公羊外，所有羊隻均可在出生後 3～4 日內即將其角芽去除。去除角芽之方法有多種，包括強力橡皮筋法、棒狀苛性鈉法與電去角器（圖 10–4）法等。強力橡皮筋法是以強力橡皮筋束於角芽基部，使角芽逐漸萎縮脫落，但需時較久，致羊隻長時間受到緊迫，且橡皮筋容易脫落；棒狀苛性鈉法為較傳統使用之方法，是以具有腐蝕性之苛性鈉棒沾水塗抹於角芽基部，其手續較為繁雜，且危險性較高；電去角器法是以加熱後之電去角器壓於角芽基部數分鐘，其操作較簡便迅速，危險性亦小，因此目前以電去角器法較被普遍採用。去角芽之時間，一般以仔羊出生後一週內實施較佳，因角芽較小，故對仔羊之傷害較小，但也應視仔羊之身體狀況而定，若仔羊在出生後一週內，身體尚衰弱，則應將去角芽之時間稍為延後。

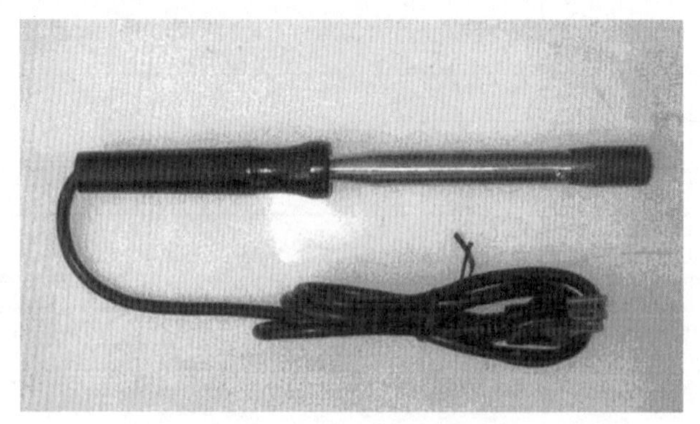

▶圖 10–4　電去角器

習　題

一、是非題

(　) 1.仔羊經去角芽處理後，傷口只需讓其自然癒合，不需做任何處理。

(　) 2.仔羊去角芽的時間，通常為出生後 3 週。

(　) 3.所有仔羊出生後均需去角芽。
(　) 4.苛性鈉法為仔羊最簡便的去角芽方法。
(　) 5.仔羊去角芽後可立即放回羊欄中。

二、填充題

1.仔羊通常在出生後______去角芽，但如仔羊較衰弱時，則實施時間可稍為______。
2.仔羊可用______、______與______法去角芽，但以______法最簡便。
3.仔羊去角芽後，通常傷口會在______週內結痂，而結痂脫落出血時，應給予______處理。
4.在寒冷的冬季去角芽時，隔離欄中應設置______，以免羊隻受寒。
5.去角芽後的傷口，應避免______叮咬，因此可噴灑______或______。

三、問答題

1.試述仔羊去角芽之目的。
2.說明仔羊常用之去角芽方法。
3.試述仔羊去角芽後傷口之處理。

（二）仔羊之去勢

一般不留作種用之公仔羊，應於出生後4～6週內予以去勢，以加速其生長，並減少日後屠宰時羊肉中之羊騷味。仔羊較常用之去勢方法，包括強力橡皮筋法、去勢夾與手術法等，其中以手術法較簡便，且羊隻恢復較快，因此常被採用。

（三）修蹄

野生山羊生長在野外環境中，常有粗糙之岩石，因此有利於羊隻將新長之蹄甲磨掉。人類圈養之山羊，放牧於野外之機會很少，而且羊舍之運動場常為泥土地，羊床又多為木造，因此羊隻新長之蹄甲不易自行磨平，故必須定期實施修蹄作業，否則蹄甲變長後，容易扭曲變形，而增加蹄部發炎與發生腐蹄病之機會。此外，羊隻蹄部發炎或發生腐蹄病後，會影響其行動與採食量，而降低羊隻之生產性能，並使種羊之使用年限縮短。羊隻修蹄之頻率應視生長環境、羊隻年齡與活動量而定，通常至少應每隔 3 個月修蹄 1 次，但也有養羊業者認為應每隔 6 週修蹄 1 次較佳。常見之修蹄方式，示如圖 10–5。

▶圖 10–5　山羊之常見修蹄方式（吳妙雪繪）

習　題

一、是非題

(　) 1.常見之山羊修蹄方式有二種。

(　) 2.山羊常修蹄可防止腐蹄病的發生。

(　) 3.使用修蹄剪修蹄時，操作方向應朝靠近羊隻的方向。

(　) 4.修蹄時每次可大量修剪，以節省時間。

(　) 5.羊舍或運動場全部為水泥地時，修蹄頻率應較為頻繁。

二、填充題

1.修蹄之頻率通常以______至______週 1 次為原則，但亦因個別羊場的情況而定。

2.羊蹄異常會導致羊隻行動______、影響______、抑制______、泌乳量______、使用年限______。

3.若羊蹄的趾間已有潰爛之腐蹄現象，應先將______組織刮除，再將傷口消毒包紮，並每日以 5～10%______溶液浸泡患處，直至傷口癒合為止。

4.羊蹄修剪完成後，蹄部應與地面呈______至______度的角度。

5.修蹄之順序，應先修______，再修______，以降低羊隻的驚慌與抗拒。

三、問答題

1. 試述山羊修蹄之目的。
2. 說明山羊修蹄之步驟。
3. 試述山羊修蹄時應注意哪些事項？

（四）擠乳

乳羊之產乳量多寡，除受遺傳、營養與飼養等因素所影響外，擠乳方法與適當之擠乳作業也是關鍵因素之一。為使泌乳羊之泌乳量能充分發揮，每日應有規則實施擠乳 2～3 次。擠乳方法一般分為手工擠乳與機器擠乳等二種，而手工擠乳又可分為硬手式擠法與軟手式擠法等二種方式。手工擠乳之步驟（圖 10–6），大致如下：

1. 在擠乳臺之飼料槽中放入一些精料。
2. 將泌乳母羊趕入擠乳臺，並以頸夾將其固定（圖 10–6(a)）。
3. 以清水清洗乳房，並按摩乳房（圖 10–6(b)），然後以紙巾擦乾乳房。
4. 擠乳之方式分為硬手式擠乳法與軟手式擠乳法等二種，其步驟如下：
   ⑴硬手式擠乳法（圖 10–6(c)）：以大拇指、食指及中指夾住乳頭基部，然後將三個手指沿乳頭向下方滑動，而將乳汁擠出。
   ⑵軟手式擠乳法（圖 10–6(d)）：以大拇指及食指緊握乳頭基部，然後依中指、無名指與小指之順序，連續緊壓乳頭，而將乳汁擠出。
5. 選擇前述任何一種擠乳方式擠乳。剛開始擠出之二、三手前乳，應檢視乳汁是否有結塊、血絲等異常狀況（圖 10–6(e)），如乳汁正常則可持續擠乳；而若乳汁異常，則可能為乳房炎乳，此時應將乳汁

個別擠出丟棄，切不可混於常乳中。若以兩手同時擠乳時，可採用一手緊壓一手鬆開之方式，而交替由二個乳房分房依序擠乳。通常懷疑有乳房炎之羊隻，應留待最後再擠乳。

6. 待全部乳汁擠完後，應使用碘液浸泡乳頭（圖 10-6(f)），以預防發生乳房炎。
7. 擠出之乳汁應立即以過濾網過濾，然後裝於不鏽鋼桶內，並迅速移置於 2～4 ℃ 之冷藏庫中冷藏。
8. 所有擠乳用具在使用前後需徹底洗淨後，再風乾備用。

（五）編號

1. 編號之目的與時間

編號為羊隻管理上重要的項目，也是保存羊隻生產紀錄、系譜系統，以及提高管理效率的方法。羊隻的編號應愈早實施愈好，通常可在羔羊與仔羊出生時即進行編號工作，以避免混淆。原則上本項編號作業，在綿羊的羔羊與山羊的仔羊可一體適用。

2. 羊隻編號之方法與步驟

羊隻較常使用的編號方法，包括刺號、剪耳號、掛耳標及掛頸圈與號碼牌等，其中以掛頸圈與號碼牌最為簡便，茲將各種編號方法分述如下：

A. 刺號

⑴以鋼刷將刺號器（圖 10-7）與刺號用之鋼字刷乾淨，然後浸泡於酒精溶液中。

⑵選擇適當之鋼字，將其排列於刺號器上，然後在一張硬紙板上練習刺號，並核對號碼是否正確。

⑶將羔羊或仔羊固定。

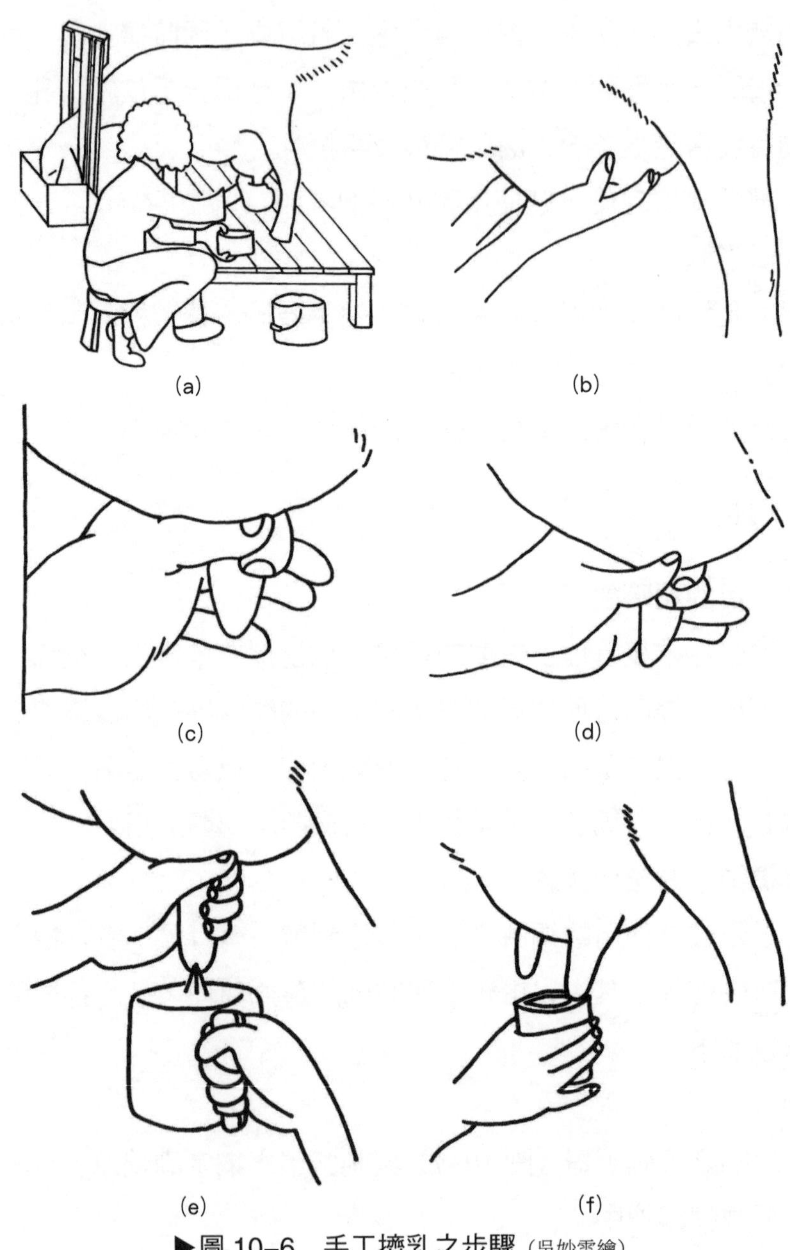

▶圖 10-6　手工擠乳之步驟（吳妙雪繪）

⑷選擇一側耳朵作為刺號的位置，並以紗布沾酒精擦拭欲刺號的位置，以去除髒物與油脂。通常刺號的位置應選擇接近耳朵內側中央，顏色較深，無毛髮，且介於軟骨間的較寬區域（圖 10-8）。

⑸使用消毒用之酒精棉花消毒欲刺號之位置。

⑹以左手拉住羔羊或仔羊耳朵外緣，而右手迅速將刺號器平穩壓於所選定的位置上（圖 10-9），然後再稍為加壓，使刺號數字之尖端刺入肌肉中。

⑺放鬆並拿開刺號器，取下刺號之鋼字，並浸泡於酒精溶液中。

⑻使用刺號專用之墨汁（圖 10-7）塗布於刺號區域，待墨汁乾後即可顯現號碼。

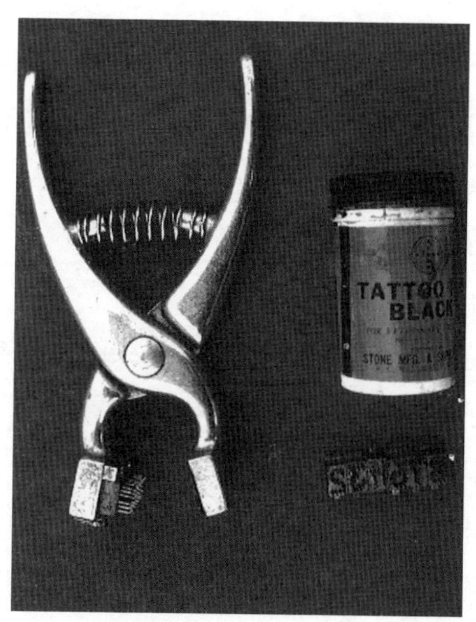

▶圖 10-7　羊隻編號使用之刺號器、鋼字與墨汁

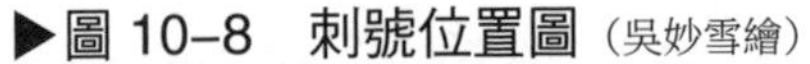

▶圖 10–8　刺號位置圖（吳妙雪繪）

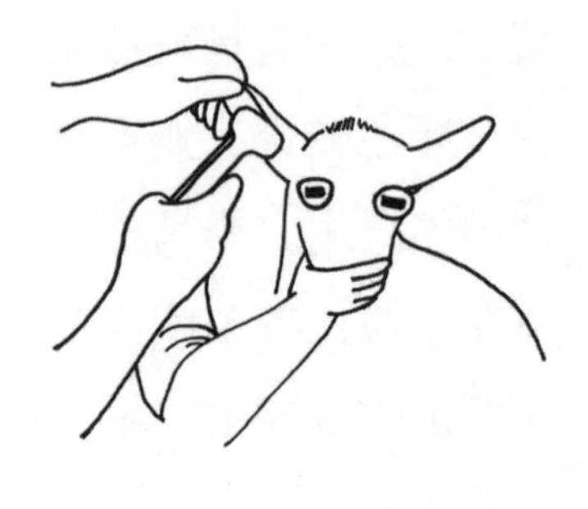

▶圖 10–9　刺號方法（吳妙雪繪）

B.剪耳號

使用耳號剪在二側耳朵邊緣或中央剪出切口或圓圈的形狀，詳細步驟如下：

⑴首先需建立自己希望之耳號系統，如圖 10–10 中所示，右耳的號碼分別設定為 3、30、300 與 3,000，而左耳的號碼則分別設定為 1、10、100 與 1,000。

⑵選定希望剪耳號的號碼。

⑶將羔羊或仔羊固定。

⑷以酒精棉花消毒羔羊或仔羊二側耳朵的內、外緣與中央。

⑸在羔羊或仔羊二側耳朵邊緣或中央位置使用耳號剪，將所希望的耳號剪出來。

⑹每日在剪耳號的位置塗擦 7% 碘液，以防傷口發炎感染。

⑺在剛剪耳號後的 3～5 日，應注意傷口復原情形，如傷口有發炎時，應以 7% 碘液與抗生素處理，直至傷口癒合為止。

C.掛耳標

⑴將羔羊或仔羊固定。

⑵選定附有號碼的耳標。

▶圖 10–10　剪耳號之號碼系統（吳妙雪繪）

⑶取出耳標鉗，並將耳標插於耳標鉗上。

⑷以酒精棉花擦拭欲配掛耳標位置附近的耳朵區域（通常為無血管分布的區域）。

⑸手持耳標鉗，並平穩壓下，使其穿透耳朵，而將耳標配掛於耳朵上。

⑹掛耳標後的傷口，應每日以 7% 碘液擦拭，直至傷口癒合為止。

D.掛頸圈與號碼牌

⑴準備頸圈與號碼牌（圖 10–11）。

⑵將羔羊或仔羊固定。

⑶將頸圈環繞掛於羔羊或仔羊的頸部，其鬆緊度應適當。因為頸圈若太鬆時，易從羊隻頭部鬆脫，而使頸圈脫落；而頸圈若太緊時，會影響羊隻的呼吸，甚至會有窒息之虞。因此必須隨羊隻年齡與體型的增長，而適時調整其頸圈的鬆緊度。

▶圖 10–11　頸圈及號碼牌（吳妙雪繪）

⑷將號碼牌配掛於頸圈上，並將號碼記錄下來。另外，可在羊隻掛好頸圈與號碼牌後，予以拍照存檔，以備日後查詢之用。

⑸如發現號碼牌錯誤，應立即更換，而經過一段時間後，如頸圈或號碼牌脫落時，也應立即更新。另外，如號碼牌上的數字已模糊不清時，亦應換新。

第十一章　羊舍與相關設備

一、羊舍之重要性

羊舍為養羊必要且重要之設備之一，攸關養羊產業之成敗，其重要性不言可喻。羊舍之重要性，大致如下：

（一）在惡劣環境下對羊隻之保護

例如在嚴冬、酷暑與梅雨季節時，羊舍能提供羊隻較為舒適與遮風、避雨之環境，避免羊隻遭受惡劣環境之危害。

（二）對羊群之生產性能給予人為之支配

羊舍能給予羊隻保溫、通風、擋風、遮陽、避雨與防潮等多種功能之環境，因此能使羊隻之生長與泌乳等各項生產性能充分發揮。

（三）使管理作業效率化

羊舍能提供羊隻給飼、給水、待產、分娩、擠乳與哺育仔羊等不同管理工作上之需要，因此管理工作會更有效率。

（四）防止外敵對羊群之傷害

仔羊或瘦弱羊隻易遭受犬、貓或其他野生動物之攻擊，而羊舍能防止這些外敵之入侵。

二、羊舍建造之原則

建造羊舍時，應該考慮下列基本原則：

（一）經濟性

養羊並不需要非常豪華之羊舍，因此甚至老舊之畜舍或建築物，若經過適當之整修亦可成為良好之羊舍。換言之，建造羊舍時，經濟性之考量不容忽視。

（二）使用上之效率化

羊舍內各種設備的配置，應考慮到飼養管理上之省工、方便性與有效率。

（三）考慮當地的環境與氣候狀況

各地之環境與氣候狀況不同，因此必須適度衡量各地之情況，以建造最適合羊群自然生長條件之羊舍。

（四）注意堅固、耐用、防風、抗震與其他安全性

三、羊舍之建築要項

（一）羊舍之總面積

羊舍總面積之大小，通常需視飼養規模、羊隻種類、用途與土地、資金等因素而定。一般而言，每隻仔羊所需之羊舍面積約 0.3 平方公尺，每隻未懷孕母羊約需 1.5 平方公尺，每隻懷孕母羊約需 1.9 平方公

尺，每隻公羊約需 2.8 平方公尺，因此羊舍之面積可由個別羊隻所需之面積乘以個別羊隻之數量而計算出來。羊舍之總面積應包括羊舍之面積與羊隻運動場之面積的總和，而理想之羊隻運動場面積應為羊舍面積之三倍以上，但對大部分臺灣之養羊場而言，羊隻運動場面積很難達到羊舍面積三倍之標準。

（二）羊舍之走向

臺灣羊舍之走向，通常為東西走向，亦即羊舍之方向為坐北朝南，因為這種走向具有冬暖夏涼之效果，且通風亦較佳。

（三）羊舍之長度與寬度

通常羊舍之長度可以隨地形之不同而變化，而不必加以限制；但羊舍之寬度則不宜過寬，最好在 13～14 公尺以內為宜，因為寬度過大時，將會影響羊舍之通風。

（四）羊舍與羊床之高度

羊床與羊舍地面之距離至少應在 60～80 公分以上，因為羊床太低時，糞尿之清理較不容易，而且羊舍之通風不良，糞尿味較重。反之，羊床較高時，糞尿較容易清理，羊舍通風較佳，然而羊舍之總高度較高，建築成本增加。羊床與屋頂之距離，以 2～3 公尺為宜，因為羊舍總高度增加時，建造費用自然增加。

（五）羊床之材料

建造羊床之材料，可使用木材、竹子、塑膠板或水泥柱等多種，但在臺灣以使用木材者居多數。以木材作為羊床之材料時，通常選用約 2.5 公分 × 2.5 公分或 2.5 公分 × 5.0 公分之柳安木木條，而木條與木條之間距則視羊隻大小而異，通常約為 1.0～2.0 公分。例如仔羊床之木條間距約為 1.0 公分，而成年羊隻羊床之木條間距以 2.0 公分為宜。

（六）羊舍與運動場之地面

羊舍之地面可鋪設水泥，但應有適當之斜度，以利糞尿之清除作業。羊舍之運動場以砂質或半砂質土壤為佳，而且最好上面再鋪上一層細砂。

（七）羊舍屋頂之隔熱

羊舍屋頂之隔熱可使用保利龍、三夾板與石膏板等，可視價格與經濟能力選用；但以石膏板之安全性較佳。

（八）羊隻運動場之圍籬

羊隻運動場必須裝設圍籬，而圍籬之種類包括網鏈狀圍籬、木柱圍籬、木樁圍籬與電圍籬等多種，可視價格與經濟能力選用，但是無論選用哪一種圍籬，高度至少應在 180～200 公分以上，因為山羊善於爬高與跳高，這種高度才能防止其跳脫。

（九）羊舍之照明

羊舍不需要太亮之照明設備，通常一盞 20 瓦之日光燈或 40 瓦之燈泡，已經足夠 5～10 坪羊舍之需要。另外，分娩欄或擠乳欄則需要另外裝設較亮之照明設備。

四、羊舍之相關設備

羊舍或羊隻運動場需裝設草架、給飼槽、礦物鹽盒與給水器等飼養管理相關設備（圖 11–1），以供羊隻使用。

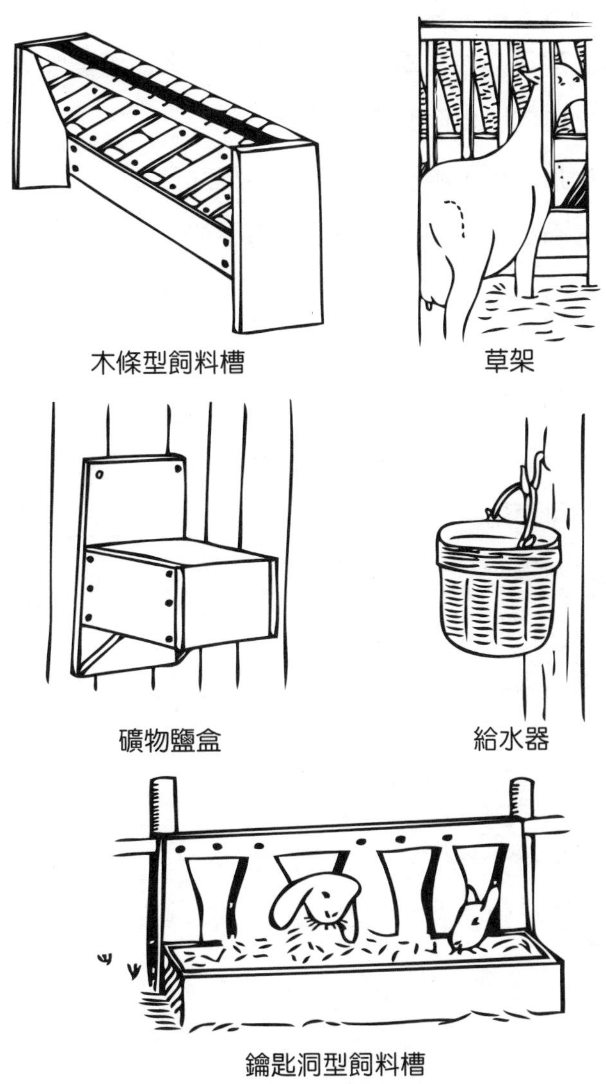

▶圖 11–1　羊舍之相關設備（吳妙雪繪）

習題

一、是非題

(　　) 1.羊舍為養羊之重要設施。

(　　) 2.羊舍之建築必須注重美觀實用而不必考慮經濟性。

(　　) 3.羊舍之方向，以南北走向較佳。

(　　) 4.羊舍之長度可不限制，但寬度不宜太寬。

(　　) 5.羊舍之高度宜適中，不高不低均不宜。

二、填充題

1.羊舍建築之原則，包括：______、______、______、與______等幾項。

2.羊舍之走向，一般以______較佳，因為具有______之效果。

3.羊床的材料，可使用______、______、______與______等。

4.羊舍運動場之圍籬有______圍籬、______圍籬、______圍籬與______圍籬等數種。

5.在羊舍或運動場需設置草架、______、______與礦物鹽架等相關設施。

三、問答題

1.簡述羊舍之重要性。

2.說明羊舍與羊床之高度。

第參部分

兔

第十二章　品種與特性

一、緒論

兔為一種草食性單胃小型哺乳動物，考古學的證據顯示其出現於地球上之時間，至少可上溯至 4,500 萬年前，而其被人類利用的歷史，則至少可追溯至我國之先秦時代。於歐洲，其被馴化之時間，則約於第十六世紀。本書中對於經人類飼育，以供經濟利用的兔子稱為家兔 (Domestic rabbits, *Oryctolagus cuniculus*)，均簡稱為兔，以與野兔 (Hares, *Lepus sinensis*) 有所區別。時至近代，兔之生產頭數已佔世界之前五位，僅次於雞、牛、綿羊和豬。其生產規模和國民每人平均年消費之兔肉量則以美、英、法、德、日、西班牙等已開發國家為主。除兔肉為高蛋白、低熱能之健康食品外，兔毛可製筆、織衣，毛皮可製衣或裝飾，血清可製藥，兔糞為上好園藝肥料，兔尾為吉祥物，其活體更為最佳伴侶動物和醫學實驗動物之一。而其經營規模和資金投入彈性較大，勞力需求較小，成本回收較快，則為青年投入動物生產創業之良好選擇。

二、兔之生物學特性

家兔和野兔在分類學上均屬於動物界，脊索動物門，脊椎動物亞門，哺乳動物綱，兔形目，兔科，唯家兔為 *Oryctolagus* 屬，家兔種 (*Cuniculus*)，有 22 對染色體，其同科近屬有 *Sylvilagus* 屬之棉尾兔

(Cottontails rabbits)，染色體 21 對，而野兔則為 *Lepus* 屬，染色體 24 對，如歐洲野兔或加州野兔 (Black tailed jack rabbit)。家兔與野兔間，其生物學上之共同特性為具備誘發性排卵 (Induced ovulation)；意即僅於接受或感受交配之刺激後始啟動排卵機制之生殖生理，而最大差異除染色體對數不同， 致其雜交受精卵之發育將終止於胚分裂之早期外，野兔之窩仔數 (Litter sizes) 較家兔少，出生時已長毛、開眼，數分鐘內即可奔跑，而野兔成體樣貌為腿長、跳躍步伐大，不築巢生仔，則為區分野兔和家兔二者間之外形與行為之重要參考資料。目前供作家畜飼養之主要家兔種，均源自歐洲野生兔 (European wild rabbit)，具築巢性，夜間活動力強及領域性強之特點。野生兔 (Wild rabbits) 經馴化成為家兔 (Domestic rabbits) 後已可適應籠飼環境。本章後續所述之「兔」，均指源自野生兔之家兔。

三、兔之外貌與特徵

(一) 體重

通常母兔之成熟體重略大於公兔。

1. 大型種：成熟體重大於 5 公斤。
2. 中型種：成熟體重介於 3.5～5 公斤。
3. 小型種：成熟體重小於 3.5 公斤。
4. 侏儒種：成熟體重小於 2 公斤。俗稱迷你種，例如荷蘭或波蘭侏儒種家兔 (Netherland/Polish Dwarf)。

(二) 體型

1. 鵝卵型 (Cobby)：胸、腰和臀、腿強壯結實，似鵝卵形之體型。

2. 曼陀鈴型 (Mandolin)：胸部較小，腰部凹陷，而臀腿豐圓，形似曼陀鈴之體型。
3. 競走型 (Racing)：軀體長而圓滑，似曼陀鈴形，而四肢較長，離地性良好。似野兔之體型。

（三）主要用途

伴侶和玩賞用，或商用品種。商用品種包括肉用、毛用、毛皮用和各種用途組合之兼用種。

（四）兔毛結構

兔之被毛 (Coat) 乃由外層較疏而粗長之披毛 (Guard hair) 和內層較密而細短之底毛 (Undercoat hair) 所組成。

1. 正常型 (Normal hair)：大多數家兔品種之被毛由粗長之披毛和細短之底毛組成。
2. 雷克斯型 (Rex hair)：披毛和底毛長度接近，毛囊分布之緻密度較高，不具復回性，如雷克斯兔。
3. 緞面型 (Satin hair)：形成披毛成分之基因變性，致使披毛表面具有光澤的緞面似結構，如緞兔 (Satin)。

（五）兔毛特徵

1. 復回性 (Flyback)：將被毛自體軸之後向前，逆向撫起再放開時，被毛可迅速而平整地回復原狀和原位的被毛特性。
2. 渦卷性 (Pearling)：錦企拉兔 (Chinchilla)、比利時兔 (Belgian Hares) 和佛來米希巨兔 (Flemish Giants)，或含有其雜交血統之兔隻以及臺灣野兔之毛皮。其長披毛與短底毛色澤不同，或單一長披毛各段顏色不同，風吹時呈現渦卷狀色圈的毛色特性。渦卷性乃由披毛上端之較深色，及其下端之較淺色部分所呈現之漸層旋渦狀圖案。

（六）毛皮特徵

1. 單色 (Selfs)：全身披毛呈現同一色澤。
2. 圖案色 (Charlies)：披毛以單色為主，而其他色澤之披毛分布於全身各部位，似圖案狀。

（資料來源：劉炳燦 (1988)，《家兔飼養學》）

四、主要商用家兔品種及其特性

近代經美國兔種協會認定的家兔品種有 43 個，包括各品系或變種則至少有 96 個。茲依據主要商業用途分類，將各主要代表性品種敘述於後，圖片請參本書彩圖部分。

（一）毛用品種

1. 安哥拉兔 (Angora)（彩圖 54）

安哥拉兔為目前唯一用以生產兔毛的品種，起源於今土耳其安哥拉地區，由法國人引進育成，全身披覆緬毛 (Wool)，柔軟細美，長可達 7～9 公分，致其外觀似絨毛球，有絹絲狀的光澤，中空，毛輕，保暖性甚佳。以白色為主，性情頗溫順而易於管理，出生 6～7 個月即成熟，年可繁殖 4～5 胎，每胎產子 4～6 頭。其披毛長達 3～4 吋者，年可剪 3～4 次，一吋內外者年可剪 6 次，平均 4 次，年總收毛量可達 1 公斤。法國系安哥拉兔體格較粗重，頭部較長窄，其成熟體重兩性均約為 3.2 公斤 。英國系安哥拉兔係由法國系者發展而成，骨架中等大小，體呈鵝卵型，毛較法系者濃密，呈絹絲光澤，頭部及耳尖均覆滿長毛，成熟體重公兔約為 2.4～3.4 公斤，母兔為 2.5～3.6 公斤，臺灣曾於 1960 及 1980 年代二度引進飼養，發現尚能適應臺灣之環境。

（二）肉用品種

飼料效率高、產肉率高、對環境之適應能力良好、體質強健之兔品種。

1. 加州兔 (Californian)（彩圖 55）

育成於美國加利佛尼亞州 (Californian)。含有 $\frac{1}{4}$ 喜馬拉雅種、$\frac{1}{4}$ 錦企拉種和 $\frac{1}{2}$ 白色紐西蘭種的血統。眼底因不具色素而呈現血赤色，體毛白色，鼻端、兩耳、足端、尾端等末梢處之披毛於較低溫環境中呈現黑色，乃因源自喜馬拉雅兔之肢端毛色熱抑制基因遺傳所致。其公兔成年體重約 4 公斤，母兔約 4.5 公斤。披毛色白，柔細、豐厚，有光澤，毛質佳。軀幹中等長，肩、胸、臀發展良好，肥育性佳，為優良之肉用和毛皮用品種，成熟體重公兔約為 3.6～4.5 公斤，母兔為 3.9～4.8 公斤。在臺灣之飼養甚廣，適應性甚佳。

2. 道奇兔 (Dutch) 或稱荷蘭兔 (Netherland)（彩圖 56）

本品種原產於荷蘭，經英國、美國而傳播至各處。兩性之成年體重均約為 2 公斤，毛色自灰色至黑色共有 6 個變種，惟其被認為額部，肩至前肢之肩帶部位具白色披毛之理想個體，或背部各部位範圍不等；自僅眼圈、吻端和前肢端為白色，至僅眼圈和尾部為黑色披毛等，多達 12 種不同之特殊毛色圖案標誌，則為各種毛色遺傳基因組合相互作用之結果，子代之披毛型式和分布不易固定，育種者很難掌控育成斑塊圖案具有定規的個體。道奇兔具有堅實的鵝卵型軀幹，兩性成熟體重均約為 1.6～2.5 公斤，屠宰率高，可為肉用品種。又較不畏與人親近，為理想的伴侶和玩賞用家兔品種。而其體型小、性情溫馴穩定，管理及維持容易，被作為實驗用兔之數量僅次於紐西蘭兔。

3. 紐西蘭兔 (New Zealand)（彩圖 57）

美國育成。毛色有紅、白、黑 3 種，最先育成者為紅色系，黑色系育成時間最晚，常見者為白色。為毛皮與肉兼用最優秀的品種。體呈鵝卵型，軀幹中長，體方而豐潤，腰肋著肉良好，臀部渾圓，為良好之產肉體型。其成年體重公兔約 4.5 公斤，母兔約 5 公斤，被毛柔軟、纖細而有光澤，眼睛以淡紅色為主，耳中等大而直立，頸下喉部偶有垂皮。本品種體質強健溫和，繁殖力強，管理容易，年可生產 4～5 胎，每胎 6～8 頭，母性馴良，仔兔成長迅速，為世界最經濟的毛皮肉兼用種。本品種之性情穩定，適應良好，且其遺傳特性及其生理生化特質幾乎已全被建立，也是繁殖最廣，最有名，被使用最廣泛的實驗用兔。

4. 佛來米希巨兔 (Flemish Giants)（彩圖 58）

原產地並未被確認，惟其自歐洲傳布至美洲時，係以比利時之佛來德地區為中繼站，乃以得名。本品種之毛色（變種）自黑灰色至白色，共有 7 種。本品種為家兔中之巨無霸，其 10 月齡之體重有達公兔 10 公斤，母兔 12 公斤之記錄，唯一般兩性之成熟體重公兔約為 5.4 公斤，母兔 5.9 公斤，其成年體重約 5～6 公斤，甚至可達 10～12 公斤。身形均衡，產肉量高，惟較不耐熱、抗病力較差，且晚熟、繁殖力低。臺灣早期雖曾引進，近來卻已少見。

（三）毛皮用品種

以毛皮 (Fur) 品質佳、色感好、圖案美為主，並以皮材方正、不易脫毛為要。

1. 錦企拉兔 (Chinchilla)（彩圖 59）

因毛皮酷似南美洲所產一種珍貴的絨鼠（Chinchilla lanigera，俗稱金吉拉）而得名，原由法國育種者將一種藍色毛之葛蕾娜兔和喜馬拉雅兔雜交選育而成。毛色有深藍灰、中藍灰、淺藍灰三等色系，其成熟體重亦有標準型錦企拉種之 2.7～3.4 公斤，美國型之 4.5～5 公斤，及大型錦企拉種之 5.9～6.8 公斤三種。後者為少數大體型兔種供產肉用之重要兔品種。性情溫和活潑，體質強健，發育迅速，繁殖力旺盛，年可分娩 4～5 胎，每胎約產 6 頭，生後六個月即成熟。顏面較尖，耳有輪覆，母性良好，常被用為代理哺乳母兔。

本品種具有渦卷狀毛皮之兔毛，單一根毛之色澤自其基部為石盤藍色，至中段逐漸變為真珠灰色以至白色，尖端黑色，風吹時呈渦卷狀（彩圖 60），故一名渦卷兔。毛質軟、密、細緻，不需染色且永不褪色，為珍貴之毛皮用種。此種兔毛特色亦可見呈現於比利時兔 (Belgian Hares) 和佛來米希巨兔或含彼等血統之雜交後裔。

2. 英國斑兔 (English Spot) 或稱蝶斑兔 (Butterfly Smut)（彩圖 61）

於十九世紀即育成於英國，兩性之成年體重均約為 2.3～3.6 公斤。體型緊湊，離地良好，為競走型體型之玩賞用品種。而其披毛毛色以白底為主，呈現範圍不等之圖案色分布，有黑色、藍色、巧克力色、金色、灰色、淡紫色和龜甲色等 7 個變種，臺灣常見者為黑色和巧克力色或龜甲色。其背面自肩部沿背線迄股部具有上開顏色之披毛，而其他部位為白色披毛者被認為是理想個體，乃因其攤開後之毛皮可形似蝴蝶之圖案，可成為一種獨具特色的毛皮用兔種。但因其斑塊圖案或斑紋之形狀和分布及範圍乃由於高達 12 種毛色遺傳基因組合相互作用之結果；可自僅眼圈為白色至僅眼圈為黑色之披毛外觀，子代之披毛型式和分布不易被操控，育種者很難擬定育成斑塊圖案具有定規的個體。

（資料來源：Cheeke et al. (1987), *Rabbit Production. 6th edition*, pp.347～349, The Interstate Printers & Publishers, Inc., ISBN 0813425808）

3. 荷蘭矮兔 (Netherland Dwarf)（彩圖 62）

源自荷蘭，頭形及體型渾圓，耳長小於 6 公分，成年體重小於 2 公斤，毛色以白或海狸色為主，具復回性。毛緻密、毛皮品質佳，亦可為毛皮用種。惟易有分娩障礙。

4. 銀貂兔 (Silver marten)（彩圖 63）

本品種之體型和體重似標準型錦企拉，為毛皮用和玩賞用種。有黑色、藍色、巧克力色和黑貂色等四個顏色變種。其特徵為有色毛之毛端均呈白色，望之有銀白色幻光，因此在美國稱銀貂兔，在英國及臺灣均稱為銀狐 (Silver fox)。

5. 雷克斯兔 (Rex)（彩圖 64）

本品種之起源已不可考，於二十世紀初始廣為人知。原呈刺鼠色（深咖啡色），稱為海狸雷克斯，以供玩賞用為主，其成熟體重公兔約為 3.7 公斤，母兔約為 4 公斤。自 1929 年被引進美國後始迅速發展，成為今日具有 15 種毛色系以上，被世界各主要養兔國家廣泛飼養之主要毛皮用兔種。毛短而整齊，經常保持直立狀態，柔軟，緻密，不具復回性，不易斷裂之毛質結構特性，亦不易區分長披毛或短底毛，為最有價值的兔毛皮，是生產高級毛皮之家兔品種，亦可望成為國際上用以取代野生動物毛皮之最佳代用品，成年體重為

3～4 公斤。毛質軟而緊密，適應氣候範圍廣。臺灣亦曾於 1980 及 1985 年兩度引進本兔種，經觀察結果，對臺灣環境之適應良好。但足墊較弱，容易受傷。亦曾經嘗試用以與紐西蘭種進行雜交育種，以增進毛皮之質感與加工特性。

6. 緞兔 (Satin)（彩圖 65）

形成披毛成分之基因變性，致使披毛表面具有光澤的緞面似結構。本品種自黑色、巧克力色至白色，共有 9 個變種，成年體重 4～5 公斤。

（四）玩賞用品種

體型或外貌特異，生性溫馴近人為主。

1. 比利時兔 (Belgian Hares)（彩圖 66）

原產於比利時，經英國育種者選育而成，毛色深紅而帶栗色陰影，質地良好，耳呈黑色輪覆（Laced，似黑色鑲邊）。軀體長而圓滑緊湊，形似曼陀鈴狀，四肢比例較長而腰凹，離地性良好，望之似野兔之體型，素有「跑馬」(Race horse) 之稱，亦稱為競走型，因此其雖確實為家兔 (Rabbits)，卻有野兔 (Hares) 之稱。生性活潑，常被飼養作玩賞用兔，其成熟體重兩性均約為 2.7～4.1 公斤。

2. 垂耳兔 (Lop)（彩圖 67）

源自北非或歐洲，成年體重約 4～5 公斤，續經英、法兩國分別育種，英國育成者兩耳尖端之距離可達 60 公分長，法國育成者之體型較粗大而厚重。本品種之毛色均為單色或雜白色。

3. 荷蘭矮兔 (Netherland Dwarf)

（五）實驗用品種

以遺傳特性與解剖生理數值已明確建立為要。且體型較小、生性溫馴、適應個別籠飼而容易維持為主。

1. 加州兔 (Californian)

2. 道奇兔 (Dutch) 或稱荷蘭兔 (Netherland)

3. 紐西蘭兔 (New Zealand)

4. 波蘭兔 (Polish)（彩圖 68）

原產地和起源不可考，成年體重小於 2 公斤。體型小而尖實，臀部渾圓。毛短、質緻密。毛色有黑、巧克力和白三種，其中白色毛之變種亦分別有藍色和寶石紅眼（眼底微血管之血液紅色）兩種眼色，為理想之玩賞用種。

（六）兼用品種

各品種家兔之飼養目的視商業用途而定，並因應市場需求與品種特性而訂定使用目的及其組合。茲以日本兔 (Japanese) 為例。

1. 日本兔 (Japanese)（彩圖 69）

乃由日本引進各國兔種改良而成，有大型、中型、小型三種。其成年體重大型者達 5.6 公斤，中型種重 3.8 公斤，小型種約為 3 公斤，為毛皮與肉兼用種。體軀大，體成楔型，頸下喉部或有垂皮，耳長而大，向後方斜立，有時單耳或兩耳下垂，被毛以白色為主，毛質稍粗剛。

（七）常見的時髦伴侶（玩賞／寵物）家兔及其特性

因應符合現代家居生活之空間和籠飼型態，市場常依需求將各品種兔隻予以組合交配，培育出各種供玩賞用之雜交種，即伴侶兔或玩賞／寵物兔，如鬆獅兔和貓熊兔（熊貓兔）等，概以溫馴近人之小型或侏儒種為本。通常含有荷蘭侏儒種或波蘭侏儒種等侏儒體型家兔（俗稱迷你兔），配以特殊體態和／或毛皮血統之兔種。

1. 鬆獅 (Lion head) 或稱獅頭兔（彩圖 70）

通常含安哥拉兔和侏儒體型家兔品種之血統，以強調臉部及軀體均有鬆而長的被毛為重點。

2. 貓熊 (Panda) 或稱熊貓兔（彩圖 71 (a)(b)）

含道奇兔或蝶斑兔之血統，以強調眼眶周圍之深色披毛為重點。

（八）「迷你兔」之迷思

純種兔隻已多年未被進口。顧名思義，「迷你兔」字義中之「迷你」(mini) 應指成年個體具有嬌小體形之兔種，意即其成年體重應不大於 2 公斤，明顯含侏儒種 (Dwarf) 之血統。惟多年以來，攤售之所謂「迷你兔」，通常僅為非侏儒種之一般體型之兔種，或含一般體型兔種血統之雜交仔兔，攤售時僅為毛皮甫發育、甫進食固態飼糧，即勉強被離乳之約 3 週齡兔仔，望之、撫之令人憐愛，然其後續存活成長率較差，呼吸道和消化道之罹病率亦較高，縱使順利存活發育，亦多將長成至鄰近中型兔種之樣貌，即類似其親代之體型和體重，而非用以廣為招徠之所謂「迷你」兔。

五、臺灣兔種之沿革

臺灣之大量引進兔種，初始於第二次大戰期間，自日本或泰國引進日本白兔、佛來米希巨兔、紐西蘭白兔和錦企拉兔等毛皮和肉兼用兔種，以其耐粗飼、草食之特性，利用農村農產副產品，以供應毛皮、屠肉等軍需民食為主，迨民國 54 年，引進安哥拉兔，曾風行一時，而於 1974 年和 1979 年，因養豬、養雞業不景氣，養兔業則因飼料、空間、資金投入彈性大，繁殖迅速，資金回收快之特性，曾大放異彩，惜未著重繁殖管理，加上流入市集作為小寵物，需有五花八門之毛皮色澤以吸引消費者等因素，導致兔種紊亂。至 1980 年及 1985 年，又引進雷克斯兔，由雲林縣農會系統推廣，並由行政院農業委員會畜產試驗所主導試驗，以期發展毛皮事業。至於其他兔種之引進時間，除加州兔外，則應非近年之事。事實上，臺灣目前之純種兔應仍以紐西蘭白兔、雷克斯兔、加州兔，或安哥拉兔為主。

實習七
品種與特性

一、學習目標

瞭解常見之家兔品種及其特性。

二、學習活動

（一）由教師就課文所列述之家兔品種及其特性，藉由實體和教學媒體詳加介紹與比較。

（二）由教師安排並帶領學生至養兔場，實地觀察並比較各家兔品種之特性。

三、說　明

（一）常見之家兔品種及其特性，與依其品種特性所劃分之各種用途，詳如課文所列述。

（二）各種用途之家兔飼養現場；如實驗用兔之飼養管理模式可參考臺灣北部或南部之實驗動物中心，或相當之畜產試驗場所之兔場，商用兔隻飼養場則散見於各處，可就近前往參觀。

習題

一、是非題

(　　) 1.家兔屬與野兔均為兔子，當然可以自然交配產生後代。

(　　) 2.目前市售之「迷你」兔將永遠長不大。

(　　) 3.安哥拉兔為目前唯一用以生產兔毛的家兔品種。

(　　) 4.比利時兔被稱為「野兔」，因此其染色體對數與其他品種之「家兔」不同。

(　　) 5.最常被用為實驗用兔的品種為銀貂兔。

二、填充題

1.家兔與野兔在分類學上為同______不同______，其染色體對數不同。

2.最常被用為實驗用兔的家兔品種為______和______。

3.家兔毛皮之結構可被分類為______型，______型和______型。

三、問答題

1.請比較家兔與野兔之區別。

2.雷克斯兔之毛皮特性為何？

第十三章　飼養與管理

一、緒論

兔消化與營養生理之特性為草食，非反芻性，具單胃；似豬。具有相當大容量之盲腸和結腸，似馬或天竺鼠。其盲腸、結腸為大量微生物之滋生處，似牛、羊等反芻動物之瘤胃。另具偽反芻 (Pseudorumination) 特性，意即常將夜間排出之軟便再由肛門直接攝入口中之能力（糞食性，Corprophagy）。其日糧之種類、型式和食物之消化過程及營養分之需求等，均受上述各種特性之影響。

二、兔之營養分需求

兔營養所需之蛋白質、碳水化合物（醣類）、脂肪、礦物質、維生素等成分之分類方式並無異於其他動物，唯其於各營養成分中之種類和比率或量則稍有不同。大體而言，兔可僅賴粗（草）料生存，唯在人類之飼養環境中，於日糧中添加精料則可獲較佳之生長和繁殖成績。其日糧營養分之需求見表 13–1。

(一) 任由取食方式飼餵之家兔的營養分需求

家兔於不同之生長或生理期別，其對適當之日糧營養分需求亦各有差異。表 13–1 之內容乃整理自相關資訊之家兔的日糧營養分需求。

▶表 13–1　任由取食方式飼餵之家兔的營養分需要量[a,b]（以每公斤飼糧表示）

營養分		生長期	維持期	懷孕期	泌乳期	哺乳母兔和仔兔
總可消化養分 (%)	NRC (1977)[a]	65	55	58	70	–[1]
可消化熱能 (kcal/kg)	NRC (1977)	2,500	2,100	2,500	2,500	–
	F. Lebas[b] (1980)	2,500	2,200	2,500	2,700	2,500
粗纖維 (%)	NRC (1977)	10～12	14	10～12	10～12	–
	F. Lebas (1980)	14	15～16	14	12	14
乙醚抽出物 (%)	NRC (1977)	2	2	2	2	2
	F. Lebas (1980)	3	3	3	5	3
粗蛋白質 (%)	NRC (1977)	16	12	15	17	–
	F. Lebas (1980)	15	13	18	18	17
無機營養分：						
鈣 (%)	NRC (1977)	0.40	–	0.45	0.75	–
	F. Lebas (1980)	0.50	0.60	0.80	1.10	1.10
磷 (%)	NRC (1977)	0.22	–	0.37	0.50	–
	F. Lebas (1980)	0.30	0.40	0.50	0.80	0.80
鈉 (%)	NRC (1977)	0.20	0.20	0.20	0.20	–
	F. Lebas (1980)	0.40	–	0.40	0.40	0.40
氯[3] (%)	NRC (1977)	0.30	0.30	0.30	0.30	–
鎂 (%)	NRC (1977)	0.03	0.03	0.04	0.04	–
	F. Lebas (1980)	0.03	–	0.04	0.04	0.04
鉀 (%)	NRC (1977)	0.60	0.60	0.60	0.60	–
	F. Lebas (1980)	0.80	–	0.90	0.90	0.90
銅 (mg/kg)	NRC (1977)	3	3	3	3	–
	F. Lebas (1980)	5	–	–	5	5
錳 (mg/kg)	NRC (1977)	8.5	2.5	2.5	2.5	–
	F. Lebas (1980)	8.5	2.5	2.5	2.5	8.5
鐵 (mg/kg)	NRC (1977)	–	–	–	–	–
	F. Lebas (1980)	50	50	50	50	50
鋅 (mg/kg)	NRC (1977)	–	–	–	–	–
	F. Lebas (1980)	50	–	70	70	70

維生素：						
維生素 A (IU/kg)	NRC (1977)	580	–	>1,160	–	–
	F. Lebas (1980)	6,000	–	12,000	12,000	10,000
維生素 D (IU/kg)	NRC (1977)	–	–	–	–	–
	F. Lebas (1980)	900	–	900	900	900
維生素 E (IU/kg)	NRC (1977)	40	–	40	40	–
	F. Lebas (1980)	50	50	50	50	50
維生素 K (ppm)	NRC (1977)	–	–	1～2	–	–
維生素 B_6[2](mg)	NRC (1977)	39	–	–	–	–
菸鹼酸 (mg)	NRC (1977)	180	–	–	–	–
膽鹼 (g)	NRC (1977)	1.2	–	–	–	–
胺基酸 (%)	NRC (1977)	–	–	–	–	–
離胺酸		0.65	–	–	–	–
甲硫胺酸 + 胱胺酸		0.6	–	–	–	–
精胺酸		0.6	–	–	–	–
組胺酸		0.3	–	–	–	–
白胺酸		1.1	–	–	–	–
異白胺酸		0.6	–	–	–	–
苯丙胺酸 + 酪胺酸		1.1	–	–	–	–
羥丁胺酸		0.6	–	–	–	–
色胺酸		0.2	–	–	–	–
纈胺酸		0.7	–	–	–	–

備註：表中未列需要量之營養分 (–)，表示尚未被決定，但為兔所必要者 ([1])、或腸道合成的量可能已足夠所需 ([2])。一般而言，飼糧中含 0.5% 的食鹽，可以滿足其鈉及氯的需要量 ([3])。

（資料來源：Amy E. Halls (2010), *Nutrient requirements of rabbits based on the NRC Nutrient Requirements of Rabbits. 1977.*

a: National Research Council, National Academy of Sciences (1977), *Nutrient Requirements of Rabbits. 2nd revised edition*, NAS Printing and Publishing Office, Washington D.C.

b: Lebas, F. (ed.) (1980), *Proceedings of the 6th World Rabbit Congress, Toulouse. Association Française de Cuniculture, Lempdes*, pp.137～140. In: Cheeke, P. R., Patton, N. M., Lukefahr, S. D., and McNitt, J. I. (Eds.) (1987), *Rabbit Production*, Interstate Printers & Publishers, Inc., Danville, Illinois.）

（二）水

家兔應有充分清潔之飲水供應。其給水量依年齡、生理階段和季節不同而有異。一頭成年兔一日的需水量約 0.5 公升。哺乳母兔及其仔兔在夏季每日之需水量則高達 3～5 公升。充分給水可促進兔隻增重速率，並增加母兔之泌乳量。供水設備可用水皿、水碗或乳頭式吮水器，以自動化給水裝置尤佳。

（三）胺基酸或蛋白質

兔消化管道中具大量微生物滋生處位於後腸段 (Hindgut)，致其對微生物合成之菌體蛋白質之利用效率不如反芻動物者（微生物滋生處位於瘤胃、蜂巢胃和重瓣胃，即皺胃之前），因此其對胺基酸之需求類似豬或雞。兔日糧中之必需胺基酸有精胺酸 (Arginine)，組胺酸 (Histidine)、異白胺酸 (Isoleucine)、白胺酸 (Leucine)、色胺酸 (Tryptophan)、離胺酸 (Lysine)、甲硫胺酸 (Methionine)、苯丙胺酸 (Phenylalanine)、羥丁胺酸 (Threonine) 和纈胺酸 (Valine) 等 10 種，另在生長快速期需補充甘胺酸 (Glycine)，其中以離胺酸和甲硫胺酸因穀食類飼料中含量較少，應特別注意補充。通常可用黃豆粉或苜蓿粉添加於日糧中，以補充蛋白質。除此之外，蛋白質之品質或各種必需和非必需胺基酸之量及其平衡亦應注意。事實上，兔對苜蓿中蛋白質之利用率可高達 75%，此可能由於其對粗纖維之利用率低，再加上具偽反芻能力之所致。

（四）碳水化合物

碳水化合物之營養功能主要在供應能量。據其構造型式之複雜程度，依次可區分為單醣（如葡萄糖）、雙醣（如蔗糖）或多醣（如澱粉、纖維素）三大類。動物本身並不能製造纖維素酶，因此不能利用日糧中之纖維素，僅能間接利用消化道中菌體發酵之產物；如菌體蛋白質或揮發性脂肪酸等化學物質 。兔僅能利用日糧中粗纖維之 14～20%，遠低於牛、羊、馬之 40% 以上，亦低於豬之 22%，唯其日糧中粗纖維之充足則對維護其消化道生理之健全十分重要，日糧中過低之粗纖維（不可消化碳水化合物）含量，或過高之澱粉（可消化碳水化合物）含量，甚易導致黏液性腸炎 (Enteritis) 之發生，此病常為需高營養分濃度之懷孕或哺乳期母兔，及肥育期兔隻死亡之原因。

（五）脂肪酸或脂肪

日糧中之脂肪，以供應能量為主，其所能產生之熱能值為同重量碳水化合物之 2.25 倍，因此常被添加於高能量飼糧中。脂肪同時協助脂溶性維生素吸收及提供必需脂肪酸如亞麻油、亞麻脂酸和花生四烯酸等不飽和脂肪酸之來源。兔日糧中約含 2～5% 脂肪，若將脂肪含量提高至 10% 或以上，則雖未能增加生長速率，但可提高飼糧效率。

（六）礦物質

礦物質廣泛存在於各種常見飼糧中，通常，於兔日糧中添加磷酸鈣和微量礦鹽，即可滿足其需求。唯銅、錳、鎂、鋅、碘等元素較易缺乏，應注意補充。兔隻之披毛為其重要經濟性狀之指標，當銅和鋅等維持毛皮健康之礦物質營養分缺乏時，將嚴重影響其商用價值。圖 13–1 所示為其日糧中缺乏銅之深色披毛白化現象。

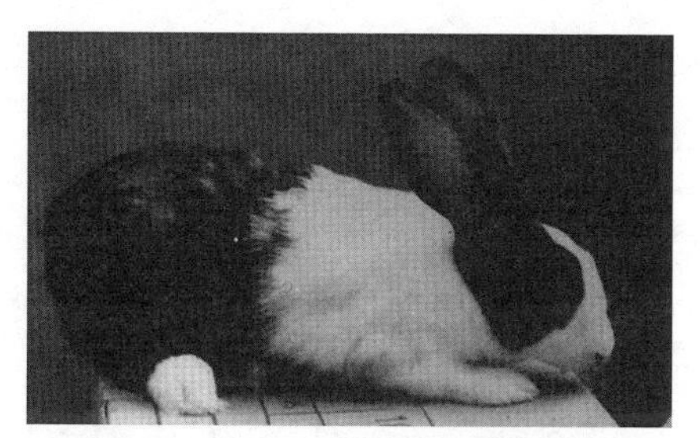

▶圖 13–1　兔之銅缺乏癥狀

（劉炳燦提供）

（七）維生素

兔日糧中需特別注意補充之維生素，大體以脂溶性之胡蘿蔔素和維生素 E 為主，因其為草食性，又具偽反芻能力，可自日糧和軟便中獲得多種植物性飼糧中之水溶性維生素及腸道益生微生物發酵所產生維生素 B 群之補充。綠色植物，如苜蓿，富含 β-胡蘿蔔素，於其腸道內可充分被轉化為維生素 A，然兔日糧中之脫水苜蓿粉含量超過 50% 時，甚易導致維生素 A 中毒。

表 13–2 所示為常用的兔飼料原料及其營養組成分。詳細資料可參考《臺灣飼料成分手冊第三版》(2011)，行政院農業委員會畜產試驗所專輯第 147 號。

（八）兔的飼料添加劑

1. 混合礦物質

成分為：$CoCl_2 \cdot 6H_2O$, 3.5；$CuSO_4 \cdot 5H_2O$, 34.6；$MnSO_4 \cdot H_2O$, 81.1；$ZnSO_4$, 169；$FeC_6H_5O_4 \cdot 14H_2O$, 706.3；$(NH_4)_6MO_7O_{24} \cdot 4H_2O$, 22.7（以上單位為 mg/kg）；$K_2HPO_4$, 10；$KHCO_3$, 10；NaCl, 5；$NaHCO_3$, 8；$CaCO_3$, 12.5；$CaHPO_4$, 10（以上單位為 g/kg）。

▶表 13-2　家兔常用之數種飼料原料及其主要營養組成分（以乾基計算）

單味原料	可消化能 Kcal/Kg	總可消化營養分 (%)	粗蛋白質 (%)	可消化蛋白質 (%)	粗纖維 (%)	鈣 (%)	磷 (%)	離胺酸 (%)	含硫胺基酸 (%)
黃玉米	3,790	83	9.3	7.3	2.0	0.03	0.28	0.2	0.26
大麥	3,330	75	9.5	8.0	6.2	0.04	0.33	0.27	0.34
燕麥	2,950	65	12.1	9.2	10.6	0.06	0.33	0.34	0.33
高粱	3,330	75	10.7	6.4	2.2	0.04	0.29	0.27	0.27
麩皮	2,610	57	15.1	12.8	10.3	0.11	1.26	0.58	0.42
米糠	3,160	72	12.7	–	11.6	–	–	0.57	0.42
糖蜜	2,460	55	3.9	2.0	–	0.79	0.08	–	–
苜蓿粉	2,350	53	17.4	12.2	23.9	1.32	0.24	0.90	0.51
大豆粉	3,770	82	44.0	41.4	5.8	0.28	0.62	2.92	1.27
磷酸氫鈣	–	–	–	–	–	–	23.0	18.3	–
菜籽粕	3,200	60	37.9	–	13.9	–	–	–	–
去殼葵花籽粕	2,750	57	46.3	41.2	11.0	0.38	1.05	1.67	1.72

備註：表中未列營養組成分含量 (–) 之單味原料，表示尚未被收集或分析。

（資料來源：劉炳燦 (1988)，《家兔飼養學》；National Research Council, National Academy of Sciences (1977), *Nutrient Requirements of Rabbits. 2nd revised edition*, pp.18～23, NAS Printing and Publishing Office. Washington D.C.）

2. 混合維生素 (mg/kg)

成分為：Thiamine-HCl, 25；Ribo flavin, 16；Ca-Pantothenate, 20；Pyridoxine-HCl, 6；Biotin, 0.6；Folic acid, 4；Menadione, 5；Vit.B_{12}, 0.02；Vit.C, 250；Niacin, 150；Vit.A, 10, 000 IU/kg；Vit.D_3, 600 IU/kg；Alpha-tocopherol acetate, 10 IU/kg。

（資料來源：劉炳燦 (1988)，《家兔飼養學》；Arrington, L. R. and K. C. Kelley (1976), *Domestic Rabbit Biology and Production*, p.123, University Press of Florida, ISBN 081300537X）

三、兔之飼養

（一）飼養方法

兔每日之餵食次數可為 1 或多次，通常除哺乳母兔和生長小兔須全飼外，其餘生理階段之兔隻均可每日手飼或限飼 1～2 次，而由於其日糧之 75% 係在夜間攝食，至少宜於夜間供應 1 次飼糧。每次之供餵量應以 30 分鐘內能吃完為宜，或以其體重計算每日日糧所需之總量，一般每日所需完全日糧之總量平均為其體重之 3～3.5%，小兔較高，約佔體重之 6%，大兔較低，約佔其體重之 3%。

（二）飼養設備

1. 飼料槽

兔用飼料槽可以用多種材質，呈多種型式，自瓦盆、鐵盆製成，至可供一至多頭使用之自飼飼料槽等，不一而足，唯其材質必須具不被兔啃食、不易藏汙納垢、不易打翻，且其內口緣高度至少離籠底 7.5～10 公分之原則，並需時常清洗、檢查，以防未吃完之飼料腐敗汙染。

2. 飲水裝置

可用水皿、水盆等供水，其內緣高度同飼料槽者，以免水被潑出。亦可用自動飲水器如水杯、水碗、乳頭式吮水設備等。唯亦需時常檢查出水狀況，以保持經常能供應充足之清潔飲水。飲水不足，將導致生長速率緩慢，或哺乳母兔泌乳量不足之弊。用自動供水裝置時，宜加裝減水壓裝置，並常檢查活塞，以免因水之經常溢漏而汙染兔毛皮，減低經濟價值，並造成兔舍內過高之相對溼度。

3. 其他飼養設備

小型飼料搬運車，可用於兔舍內移動飼料，並配合定量飼料杓，以方便定量給飼。若為生長肥育兔舍，則可考慮採用似蛋雞舍所用之履帶式給料槽，以減少勞力及時間之花費。

四、兔之管理

實驗室中，兔之理想環境氣候條件為溫度在 15.6～22.5 °C 間，相對溼度在 40～60% 間。事實上，兔對環境之適應性相當廣泛，攝氏 0～30 °C 之氣溫均可生活，唯環境中之相對溼度將影響其對高溫環境之適應能力，而兔膽小機警，遇驚擾時，常有頓腳警告同伴，致四處亂竄，因而影響生長發育及足底之健康，甚至踩死仔兔，因此兔舍及四周環境之涼爽、乾燥、排水快、安靜乃成為兔場環境管理之共同原則。而對兔場經營者而言，需能識別各兔隻，並定期考查經營績效，是以需採取各種經營管理設施及方法。

（一）一般管理

1. 兔舍規劃

⑴全密閉式

便於控制兔之生活環境，唯造價高，僅適用於試驗研究兔之飼養，或環境條件極端惡劣之地區使用。

⑵倉棚式

使用最廣泛，可加裝防曬、防風及防雨設備，地面則可鋪設水泥以利清掃，或再添加糞尿清除裝置。臺灣之兔舍多為此種型式。

⑶戶外型飼養單位

可有單獨式、雙併式或多單位聯合式數種，常在缺乏單一大場地或限於兔舍建築成本時使用，唯對於犬貓或人之干擾較不易避免，而臺灣環境高溫多溼，不宜使用此型兔舍。

2. 箱籠構造

⑴箱籠材質與規格

箱籠之材質可為木、竹、金屬或多種材質混合，唯兔具囓啃之習性，若以木或竹為材料，宜覆裝金屬邊框，以防破壞。通常籠底之結構應足夠穩固支撐兔之活動， 並足以讓排泄之糞便掉下，尤其是種兔籠之底板若不夠穩固，除將妨礙正常交配動作之進行，更易導致足底受傷，不能配種，而雷克斯兔籠底網狀結構（如金屬絲之直徑）尤應注意，不可太細軟，因為該兔種之足墊部位特別容易受傷。

⑵箱籠空間需求

籠飼兔隻所需之最小空間如表 13–3 所列。

▶表 13–3　籠飼兔隻所需之最小空間

種類	個別體重（公斤）	每隻兔子所需之最小空間（平方公分）
群飼	1.4～2.3 2.5～3.6 ＞4.0	929 1,858 2,787
成兔個別飼養	1.4～2.3 2.5～3.6 4.0～5.0 ＞5.5	1,161 2,322 3,483 4,644
母兔帶仔兔	1.4～2.3 2.5～3.6 4.0～5.0 ＞5.5	3,716 4,644 5,574 6,968

（資料來源：劉炳燦 (1988)，《家兔飼養學 （二版）》，臺北 ，藝軒圖書文具有限公司，p.154；摘自：Arrington, L. R. and K. C. Kelley (1976), *Domestic Rabbit Biology and Production*, p.167, University Press of Florida.）

3. 箱籠排列

兔籠之排列方式以平面觀之，可為對頭式或對尻式，前者易於飼餵作業，後者利於糞便之清除。唯二種均應留 1.2～1.5 公尺寬之走道。以立面觀之，可區分為一層、二層或三層疊立之方式；多層疊立之目的不外乎節約場地之利用，唯將增加清理之時間或設備，其折衷方法為上層前緣接下層後緣之斜向疊立方式（例如加州式臺階籠），唯疊立之層數以不多於三層為宜，因其最上層之高度將不利於日常飼養管理作業之進行。

4. 糞尿處理

糞尿收集與處理乃養兔場之日常重要作業，亦為影響兔隻健康之重要衛生條件。此作業費力費時，除了採行對頭式或對尻式箱籠排列方式可以將走道兩側之糞尿同時收集並沖洗（圖 13–2）外，可裝置較現代化之糞尿收集（圖 13–3）與處理相關設備，並以程式設定定時作業，同時配合各式輸送機和過濾系統以及發酵處理系統，將糞尿收集與處理作業依序自動完成。唯作業過程中應保持適當用水量，俾使發酵過程能順當完成。

▶圖 13–2　對頭式箱籠排列與糞尿沖洗溝

▶圖 13–3　拖網式機械清糞設備

（摘自：《畜牧要覽　草食家畜篇》(2008)，中國畜牧學會，pp.727～728）

（二）提捕方法

不適當之提捕方法，甚易引起兔隻或作業人員受傷害，因此對不同體型之兔隻作不同目的之作業時，均應各有適當之提捕方法，通用之方法為一手自兩耳及肩後皮膚將兔提起，另一手則托住其臀部，而共同之禁忌為絕不可僅提抓兔之兩耳。

（三）個體識別

作業人員進行兔隻定期檢查、記錄或考察經營管理績效及兔隻送往登錄或作為種兔買賣時，均需有適當的方法識別兔隻之個體別。進行識別標誌作業時，可將兔隻配戴耳標或腳環，而以於其耳內緣行數字或文字入墨（刺青）之方法較節省且永久，如圖 13–4(a)、(b) 所示。

(a)耳號入墨器及相關器材

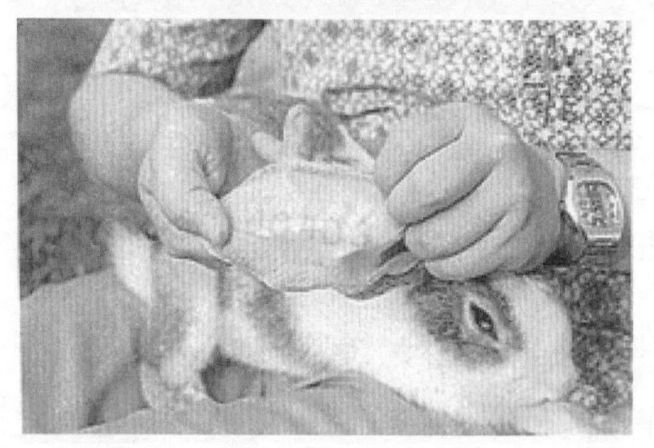

(b)耳號入墨之刺青字跡

▶圖 13–4　兔之個體識別作業器材與範例

（劉炳燦提供）

（四）疾病預防

臺灣兔病以球蟲病及疥癬為主，前者應以不同球蟲藥定期輪換驅蟲，而後者則除注意維持兔舍環境之涼爽乾燥外，可用油性劑定期滴洗耳道或趾間預防。至於涕溢症 (snuffles) 之預防，尤應注意賊風（間隙風）之隔絕，舍內氨氣濃度之降低（注意尿液排除及通風），隔離並避免引進帶病原之兔隻。疥蟎 (Mites) 之侵咬常自外耳起，遭疥蟎侵咬之兔隻，其耳殼、鼻和足之外觀將被嚴重破壞而損害其商用價值，如

圖 13–5 所示。若疥蟎進一步侵入中耳或引發中耳感染，將導致兔隻喪失平衡和方向感，而遭汰除。如圖 13–6 所示。

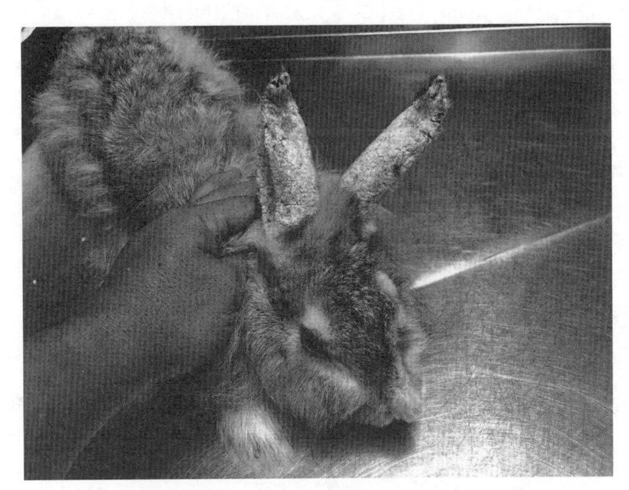

▶圖 13–5　遭疥蟎侵咬之兔隻外觀

（圖片來源：Shutterstock）

▶圖 13–6　疥蟎導致之喪失平衡和方向感

（圖片來源：Jackrabbit）

（五）其他注意事項或設施

兔舍內應阻止犬、貓、鼠之侵入。尤其是後者，除建防鼠牆外，應於天花板上加裝小網目金屬網，以防咬破天花板侵入，所有水電管線亦應有防鼠啃嚙之保護材質。另為監測生長速率，須有兔隻專用磅秤。為進行兔舍定期消毒和處理輕微傷病，則宜有噴霧裝置及疾病處理相關藥劑。

五、特殊環境下之飼養管理

臺灣區域屬熱帶、亞熱帶之海島型氣候，年平均溫溼度高，尤以熱季（5～10 月）高溫多溼之氣候環境，易導致兔隻遭受熱緊迫之侵襲。熱緊迫環境下，兔隻之生理反應為減少活動，呈現揚首伏地，腹部貼近籠底，並張口呼吸之姿勢，如圖 13–7 所示，飼料攝取量減少而飲水量增加，因而生長速率降低，繁殖效率不良，嚴重影響經營效率。上述不良之生理反應實可歸因於動物對不適環境之適應與生理調節，因此，熱緊迫環境下之兔場管理首應改善環境，以減低熱緊迫之不良效應，如畜舍周圍植樹，或遮蔭棚之設立，以及通風設備之裝設等，而樹籬或遮蔭棚則以不妨礙畜舍之通風為要。至於灑水裝置之施用，除噴灑屋頂外，若用於舍內，應考慮不因而增加舍內之相對溼度，否則寧可不使用。於飼養制度上，可考慮調整在清晨和夜晚飼餵，並適度提高飼糧中之營養分濃度，以令其不因飼料攝取量減少而致每日營養分總需求量不足。尤應注意者為隨時供應充足之清潔飲水，以幫助降低熱緊迫；而在冬季則應防賊風侵襲。

▶圖 13–7　兔隻呈現熱緊迫生理反應之姿勢

（摘自：Cheeke et al. (1987), *Rabbit Production. 6th edition*, p.291, The Interstate Printers & Publishers, Inc., Danville, Illinois, ISBN 0813425808）

實習八
飼養與管理

一、學習目標

瞭解兔之營養需求與飼養管理方法。

二、學習活動

（一）由教師說明兔營養需求之特性，日常管理和特殊環境或生理階段之管理方法。

（二）由教師帶領學生至養兔場進行現場觀摩見習，並指導學生實際進行飼養管理作業。

三、說　明

（一）營養需求及飼養管理方法，如課文所列述。

（二）觀摩見習時應注意比較各養兔場之環境，飼養目的，各生理／生長階段兔隻所使用之飼養管理設備與方法。

（三）實際進行飼養管理作業前應事先擬訂計畫，並將過程與結果作成紀錄，以便檢討。

習題

一、是非題

(　) 1.俗說兔為「紙肚（消化系統）」，因此絕對不可以供應飲水。

(　) 2.兔之活動與攝食通常在夜間多於日間。

(　) 3.兔之兩耳較長，提捕時僅抓兩耳最方便安全。

(　) 4.為節約兔舍空間，可儘量將兔籠疊高。

(　) 5.兔隻性喜乾燥，所以兔舍絕對不能用水沖洗。

二、填充題

1.兔將夜糞直接自肛門攝入口中之行為稱為______。

2.限飼兔隻之完全日糧供餵量，約佔大兔體重之______，小兔體重之______。

3.臺灣常見之兔病為______和______。

三、問答題

1.請說明並實地演練不同大小或體型之兔隻的正確提捕動作。

2.試述家兔於熱季之管理要點。

第十四章　繁殖與育成

一、緒論

高等哺乳動物共同之生殖生理模式為：體內受精，胚胎孕育於母體之子宮，藉胎盤獲取養分，並以母乳哺育初生仔。兔之生殖生理亦不外於此，本章不另贅言，僅列述其與其他常見家畜如牛、豬等相異之處，並論及因該特點所衍生之問題和管理或進行配種作業時之應注意事項。

二、兔生殖生理之特性

由於仔兔出生時，雄仔兔之陰囊尚未形成，睪丸尚未下降，陰莖亦尚未發育，因此缺乏經驗之飼養管理人員殊不易於辨別其雌雄性別。兔性成熟時間約為 16 週齡，臨近 16 週齡時，公兔之睪丸始隨陰囊之發育而下降。唯性成熟時間將因品種、營養和環境而異，正常情況下，性成熟需時長短與體型大小成正比，小型種約於 4～5 月齡，中型種於 5～7 月齡，而大型種則約於 8～10 月齡。然飼養管理者通常被建議在兔隻性成熟期之後 6～8 週始任其加入種畜群，以確保種兔之經濟使用年限（一般平均為 2±1 年）。

野兔或野生兔之生殖活動甚具季節性，特別是在溫帶和寒帶地區。此種季節性生殖之特性將可確保仔兔出生於溫暖之季節，親兔亦容易獲得豐富之食物而較有豐盛的乳汁，因此可有較佳之繁殖效率。唯家兔經長期人為飼養後，在人工環境中，生殖活動之季節性已不若野生兔者明顯，特別是在位處熱帶和亞熱帶緯度之臺灣地區，只要環境適宜，幾乎整年均可進行繁殖活動。

（一）公兔之生殖生理特性

公兔交配時為瞬間射精，經興奮、勃起試探、插入後，只要感覺溫度與壓力適當，即予射精，因此有時會誤將精液射至直腸內，導致無效配種。每次射精量為 0.5～1.5 毫升，精子濃度 0.1～3 億／毫升，在雌性生殖道內需有 6 小時之獲能作用 (Capacitation) 時間，精子射出後可維持有效授精時間平均約為 30 小時，其造精能力自 20 週齡起，至 31 週齡止，逐漸增加。公兔於配種前後對母兔挑情刺激之動作，對兔之生殖活動殊為重要，因為此種刺激感覺神經之向中樞（主要為下視丘部位）傳導，可促進母兔排卵生理之啟動，有益於其繁殖績效。

（二）母兔之生殖生理特性

母兔排卵生理之特性乃屬誘發性排卵 (Induced ovulation)，其卵巢於性成熟期起， 即在腦下腺激濾泡素 (Follicle stimulating hormone, FSH) 之作用下，不斷產生濾泡並分泌動情素 (Estrogen)，縱使於其懷孕期間亦不中斷，唯卵巢濾泡形成之數目仍具週期性增減之現象。綜合各項研究結果顯示：兔卵巢濾泡大量形成之週期性變化約為每 16～18 日一個週期，其中之第 12～14 日常見大量濾泡之存在。由於濾泡所產生動情素之作用，母兔於此期間內具性接納 (Sexual receptivity) 意願；唯此期之初於受配後之排卵表現較差，此期間甚至會駕乘其他兔隻，而其餘 4 日則否。又由於卵巢濾泡之進一步成熟並排卵，須有腦下腺排卵素（Luteinizing hormone, LH，激黃體素）之作用始克完成；母兔有賴於適當駕乘之神經性刺激，促使其下視丘釋出排卵素釋放激素，轉而促進排卵素之分泌，方能有效啟動後續排卵並形成妊娠黃體之程序，繼而導致懷孕期生理之進展，此即誘發性排卵生理之意義，其有別於牛、豬等自發性排卵動物之生殖生理。爰此，母兔之卵巢週期有異於牛、豬等其他常見家畜者，在於其生殖活動之週期性變化；乃以必要接受交配刺激始順利啟動排卵，繼而進入懷孕期為特徵，即稱為性受納 (Sexual acceptability) 週期，以示有別於其他常見自發性排卵家畜，稱之動情週期 (Estrous cycle)。同時，交配時公兔所表現之挑情刺激，於母兔繁殖效率之增進，則更具意義。而上述無效配種，或群飼時其他母兔之駕乘動作 ， 甚至其稍大幼兔壓背動作之神經性刺激，均可能誘發排卵，導致母兔隨即進入懷孕生理之現象，該現象將持續約 17 日，稱為偽懷孕 (Pseudopregnancy)，此期間母兔之生殖活動明顯受到壓抑，對繁殖效率之不良影響甚鉅。再者，因其分娩前卵巢即出現大量濾泡，母兔於分娩結束後隨即可接受交配而懷孕。

母兔生殖生理之另一特性為具雙子宮，因此除每一卵巢週期中，其兩側卵巢均可產生濾泡外，若有受精卵的形成，則其胚胎在子宮中並不具遷移分布著床之現象，致可能僅單側子宮有胚胎之存在，此種懷孕生理之特性，於進行人工授精作業時，應特別注意將精液分別注入子宮之兩側。

兔懷孕期平均 32±3 日，一般為 31～32 日，懷孕期之長短常與胎仔數呈反比，超過 35 日之懷孕期常意味異常妊娠或有畸形胎之發生。胚胎之成長在懷孕中期後始快速進行，懷孕第 16 日時，個別胎重僅約 0.5～1 公克，第 20 日時尚少於 5 公克，而紐西蘭兔之初生體重則平均達 64 公克。仔兔之平均個別初生體重與窩仔數成反比。兔之分娩常於清晨進行，全部過程約於 30 分鐘內完成，母兔會自行舔淨附於初生仔之血液及組織碎屑，並開始哺乳。其哺乳行為通常 1 天內僅於夜晚或清晨進行一次，然兔乳之蛋白質含量達 13% 以上，脂肪含量達 9% 以上，其營養分濃度遠高於牛、豬等家畜之乳汁，因而其出生後至體重倍增僅需時 1 週，為陸地活動動物之冠。母兔對其仔兔之識別有賴於嗅覺，因此作業人員於進行仔兔檢視時，應注意避免使仔兔沾上異味（物），而導致母兔拒絕哺乳，甚而咬死仔兔。

三、兔之育成

（一）離乳前之管理

依不同之繁殖強度及經營目的，仔兔可於 4～8 週齡離乳，若選擇令其於 4 週齡時離乳，則宜於自 2 週齡後即給予教槽料。仔兔出生時無毛，閉眼，僅能爬行，約於 10 日齡時開眼，21 日齡時開始進食固體飼料，在此之前全賴母乳提供養分，因此母兔是否有足夠之乳汁，及是否確實哺乳，應詳實檢查。簡便之方法為檢視母兔乳房部位是否有蓄乳跡象，或於母兔表現哺乳之行為後，檢視仔兔腹部是否有乳汁堆積之現象。若發現未確實哺乳，則應考慮提高母兔日糧營養分之供應，並檢查是否因仔兔跳落於巢箱外，致母兔無法哺乳，至於第二產以後之母兔，其乳汁缺乏，或哺乳行為差者，應予淘汰。巢箱中若有排泄物積存，應予清理，母兔若未拔毛營巢，則可置入短乾草或棉屑等代用品，以維持箱內溫度於 28～32 °C。唯母兔拔毛營巢之行為，有助於其分娩後之哺乳表現，進而影響其離乳窩仔數，亦可供種母兔是否留存於種兔群之依據。

偶有母兔於哺乳期間患病、死亡或生產頭數過少、過多，或品種特佳，欲求其增加分娩胎數時，可將其仔兔予以寄養，寄養之仔兔與保姆兔之親生仔間，以不超過 3 日齡之差距為原則，可有較高之成功率。進行寄養仔兔之作業時，宜令寄養之仔兔沾染保姆兔之氣味物質，混淆其對親仔兔之嗅覺識別，以減少其被保姆兔拒絕哺乳，甚至被咬殺之可能性。

（二）保育期與離乳期之管理

實務上，只要母兔之母性及泌乳能力良好，仔兔約於 4 週齡即可離乳，若選擇令其於 8 週齡離乳同時出售之經營模式，以節約籠飼空間和設備，則可於 5 週齡時移去巢箱。此後可將體重較大之幼兔先行離乳，一方面因其獨立生存能力較高，再者亦減少母兔乳房過度腫脹或母乳不足之慮。若考慮減少幼兔之離乳緊迫，宜將母兔移開分娩籠。

（三）仔兔雌雄鑑別

仔兔於 2～3 日齡時即可據其生殖區之外形鑑別雌雄，雖然此時雄兔之陰莖、陰囊尚未發育，唯公仔兔之生殖器突起較高，呈圓筒狀，會陰部之距離較長，而母仔兔則突起較低，呈桃尖形披裂狀，會陰部之距離亦較短。然若非急於此時淘汰不需要之性別，則可待離乳時與個體識別作業同時進行。

（四）更新兔群之育成

若以種兔保有商用效率之生育期為 3 年計算，則每年須更新種兔數之 $\frac{1}{3}$，而每頭公兔平均可配 7～15 頭母兔，對種群性能之影響力較母兔者大，且年輕公兔之繁殖性能如性慾、交配行為表現和精液品質等較老公兔為佳，因此種公兔之更新速率應更快。

欲保留為更新兔群之若齡（8 週齡離乳至約 16 週齡性成熟前）兔隻，應於初步選出後即予雌雄分隔，個別飼養，以免因打鬥或互相駕乘而影響往後之利用性。而於正式加入配種群前應再依據經營目標與規劃嚴格篩選，尤以前述之種公兔繁殖性能相關指標為要。

四、繁殖管理

（一）配種制度

兔配種制度之觀念和施行方法一如其他家畜者，不再贅述。

（二）繁殖強度

依母兔之生育年齡期間，分別處於懷孕、哺乳或空胎且不哺乳等生理階段所佔之比率，可將繁殖強度區分為高、中、低三類，高繁殖強度之母兔，於其生育年齡中，將有 78% 之期間處於懷孕並且哺乳之生理階段，而其餘 22% 之期間則仍處於懷孕期中，此意味該母兔須在分娩後立即再配種，仔兔於 28 日齡離乳，而母兔則立即開始營巢，於仔兔離乳後 3 日隨即又分娩下一胎。如此高強度之繁殖活動，除必然須要提昇母兔之營養分供應外，亦將提早結束其使用年限，此類繁殖強度之種兔群，其淘汰率因而自然被提高。唯通常母兔繁殖強度之設定，以種仔兔生產為主者，設定一年生 4 窩，以肉用仔兔生產為主者，則可以一年生產 6 胎為度。至於公兔則可於短期間內每天任其交配，尚不致明顯影響其精液品質。

（三）環境管理

種兔在其理想舒適之環境氣候中，可有較佳之繁殖績效，自不待贅言。臺灣熱季兔隻繁殖率低下之現象，主要即因熱緊迫所造成之熱季不育症，其直接原因為母兔之卵巢功能低下、生殖週期紊亂，甚或活動中止，公兔則精液性狀低下，及胚生命之早期不能存活於母體較高溫度之子宮環境，易導致妊娠中止等。而較常為兔場經營人員疏忽者為舍內之照明度與光照時間，試驗結果顯示：母兔於每天光照 14～16 小時，照明度 30～40 勒克思 (Lux) 之環境中，將有較佳之生殖活動和受孕率，而公兔在每天光照 8 小時之環境中，其精液品質較佳。

（四）母兔性受納行為之判定

母兔呈現性受納行為時，會表現不安，頻頻以頰部摩擦飲水器、飼料槽或箱籠四周，並試圖接近它籠之兔隻，此時其外陰部常呈現深桃紅色，並有較多之黏液狀分泌物，若放入公兔籠中，將可望有 90% 以上之機率願意受配。

（五）配種作業

進行配種作業時，依據兔之強烈領域性行為之特性，於籠飼環境中，應將母兔送至公兔籠中，若反其道而行，則可能遭致母兔拒絕受配，甚至對公兔作出攻擊或駕乘行為，此將妨礙配種作業之進行。當具性受納行為之母兔進入公兔籠時，公兔立即，或經挑情刺激後即予駕乘，若進展順利，母兔將身軀前伸，後軀抬起以迎合公兔生殖器之進入陰道，公兔則於生殖器插入後瞬即射精，並常於一彈跳衝刺動作後側身「摔」至籠底板，同時口中常發出咭咭聲，有時母兔亦會發出此種聲音；意味交配成功，如圖 14–1 所示。若母兔拒絕受配，則將以其生殖區部位貼近籠底，並常發出咕咕聲，甚至返頭追咬公兔，逢此情況時應考慮稍後再配，或更換公兔。而當確定母兔已可受配，唯仍拒絕受配時，可引用輔助交配法，亦即固定母兔於適當體位，以便於公兔進行交配行為。

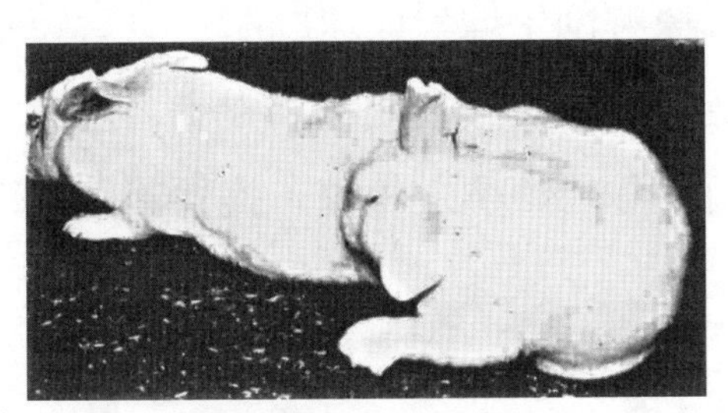

▶圖 14–1　雌雄兔隻成功交配後常呈現之姿勢

（摘自：Cheeke et al. (1987), *Rabbit Production. 6th edition*, p.87, The Interstate Printers & Publishers, Inc., Danville, Illinois, ISBN 0813425808）

（六）人工授精

進行人工授精作業之時機為當優良種公兔缺乏或不足、為增加優良種公兔之遺傳影響、母兔雖有成熟濾泡而仍不願意受配、或為防止藉性接觸而傳染之疾病，以及為特殊之目的時。其要領為須將精液分別注入子宮之兩側內，以免僅單側懷孕而影響繁殖效率。而為促進母兔排卵機制之進展，可用經輸精管結紮之公兔給予駕乘之刺激，或於交配後即予注射排卵素處理之。

（七）妊娠診查

為精確執行配種管理作業進度，應確實掌握配種作業是否成功之證據，因此宜於兔隻配種動作完成後隨即檢視陰道口是否有精液之跡證，並於配種作業後之適當時機進行妊娠診查。其於現場動物旁之操作要領為依兔懷孕生理及胚胎發育之過程（圖 14–2），於腹部骨盆腔之適當部位以手進行觸診 （圖 14–3），進行之時機，則以配種後 10 日，兔胎尚聚集於骨盤腔中時最易被診知，唯此時胎盤之建立尚未穩固，甚易傷及胎兒，因之可以適當調整至配種後 10 至 14 日行之。初學者除應先瞭解母兔解剖生理學與兔胚胎之發育特性外，亦應事先熟習觸診相關動作及分辨兔胎與糞便在觸覺上之差異。正確而適時之妊娠診查作業，將可剔除偽懷孕之兔隻，提昇繁殖績效。

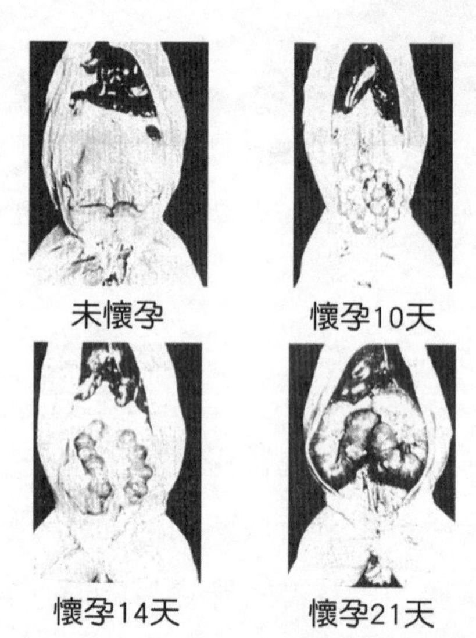

▶圖 14–2　懷孕各期子宮和胚胎之相關位置

（資料來源：劉炳燦 (1988)，《家兔飼養學》；引用自 ： Arrington, L. R. and K. C. Kelley (1976), *Domestic Rabbit Biology and Production*, p.68, University Press of Florida, ISBN 081300537X）

（八）巢箱管理

母兔經妊娠診查，確認懷孕後，應於其預產期前約 3 日將巢箱置入分娩籠中，置入之時間不宜過早，否則將被視為其日常生活環境之一部分，易養成排泄於巢箱內之惡習。巢箱之構造除應防水止滑外，宜有小隙或洞以利排尿，若為木質製品，則應加金屬邊框以防囓啃。而為防仔兔掉落巢外，或無法爬回巢內，致未能確實哺乳而損失，則宜採用低落式巢箱，如圖 14–4 所示。

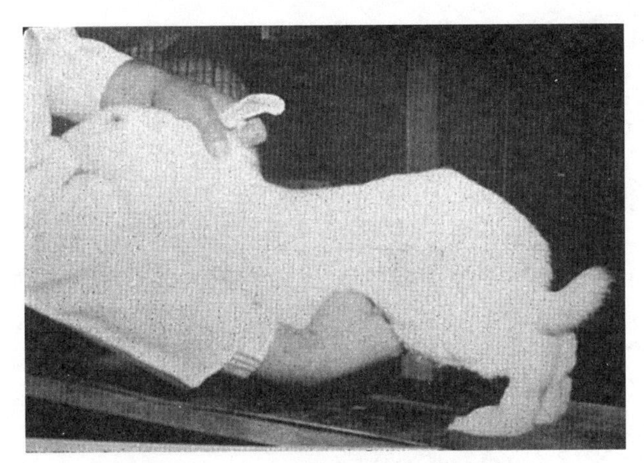

▶圖 14–3　妊娠診查之姿勢和部位

（資料來源：劉炳燦 (1988)，《家兔飼養學》；摘自：Arrington, L. R. and K. C. Kelley (1976), *Domestic Rabbit Biology and Production*, p.167, University Press of Florida, ISBN 081300537X）

▶圖 14–4　低落式巢箱及其安裝之位置

（資料來源：《兔的飼養與利用》(1994)，行政院農業委員會畜產試驗所，p.24）

實習九
繁殖與育成

一、學習目標

瞭解家兔之繁殖特性與育成方法。

二、學習活動

（一）由教師說明家兔之繁殖特性和育成方法，並與其他常見家畜比較。

（二）由教師安排並帶領學生至家兔繁殖場參觀實習，或將前一單元自行飼養與管理之兔隻進行配種作業並做成紀錄，俾實地觀察與檢討。

三、說　明

（一）家兔之繁殖特性和育成時各種應注意之事項，如課文所述。

（二）參觀或自行進行兔隻繁殖工作時，應特別注意兔隻配種作業過程與其他常見家畜（如豬）之差異，以及臺灣天然環境之季節性差異對兔隻繁殖與育成效率之影響。

習題

一、是非題

(　　) 1.家兔素有「月兔」之稱，因此臺灣之家兔一年中保證可以生 12 胎。

(　　) 2.家兔為誘發性排卵。

(　　) 3.兔懷孕期愈長，所生之窩（胎）仔數愈多。

(　　) 4.仔兔生長至性成熟時，才能鑑定其性別。

(　　) 5.為了確保母兔可將仔兔產於窩中，母兔一經配種，即應將巢箱置入籠中。

二、填充題

1.母兔應有適當之性刺激，其卵巢才會______。

2.未孕母兔生殖活動之週期性變化應稱為______期，與母豬生殖活動之______期不同。

3.以生產種仔兔為主之母兔，其繁殖強度通常被設定為一年生______胎，若以生產肉仔兔為主，則可增加為______胎。

三、問答題

1.導致母兔發生偽懷孕之原因為何？應如何預防？

2.試述仔兔自出生至離乳過程中，各階段之管理要點。

作者：松本英惠
譯者：陳朕疆

打動人心的色彩科學

暴怒時冒出來的青筋居然是灰色的！？
在收銀台前要注意！有些顏色會讓人衝動購物
一年有 2 億美元營收的 Google 用的是哪種藍色？
男孩之所以不喜歡粉紅色是受大人的影響？
會沉迷於美肌 app 是因為「記憶色」的關係？
道歉記者會時，要穿什麼顏色的西裝才對呢？

你有沒有遇過以下的經驗：突然被路邊的某間店吸引，接著隨手拿起了一個本來沒有要買的商品？曾沒來由地認為一個初次見面的人很好相處？這些情況可能都是你已經在不知不覺中，被顏色所帶來的效果影響了！本書將介紹許多耐人尋味的例子，帶你了解生活中的各種用色策略，讓你對「顏色的力量」有進一步的認識，進而能活用顏色的特性，不再被繽紛的色彩所迷惑。

作者：潘震澤

科學讀書人——一個生理學家的筆記

「科學與文學、藝術並無不同，
都是人類最精緻的思想及行動表現。」

★ 第四屆吳大猷科普獎佳作
★ 入圍第二十八屆金鼎獎科學類圖書出版獎
★ 好書雋永，經典再版

科學能如何貼近日常生活呢？這正是身為生理學家的作者所在意的。在實驗室中研究人體運作的奧祕之餘，他也透過淺白的文字與詼諧風趣的筆調，將科學界的重大發現譜成一篇篇生動的故事。讓我們一起翻開生理學家的筆記，探索這個豐富又多彩的科學世界吧！

國家圖書館出版品預行編目資料

畜牧(二)／鄭三寶,白火城,朱志成,劉炳燦編著.——二版一刷.——臺北市：東大，2023
面；　公分——（TechMore）

ISBN 978-957-19-3311-5（平裝）
1. 畜牧學 2. 家畜飼養 3. 家畜管理

437.3　　111001667

TechMore

畜牧(二)

編著者　鄭三寶　白火城　朱志成　劉炳燦
發行人　劉仲傑
出版者　東大圖書股份有限公司
地址　臺北市復興北路 386 號 (復北門市)
　　　臺北市重慶南路一段 61 號 (重南門市)
電話　(02)25006600
網址　三民網路書店 https://www.sanmin.com.tw

出版日期　初版一刷 1997 年 2 月
　　　　　初版十三刷 2020 年 9 月
　　　　　二版一刷 2023 年 8 月
書籍編號　E430460
ISBN　978-957-19-3311-5

東大圖書公司